ASSAINISSEMENT

DU

LITTORAL DE LA CORSE

Paris. — Imprimé par E. Thunot et Cᵉ, rue Racine, 26.

ASSAINISSEMENT

DU

LITTORAL DE LA CORSE

ET EN GÉNÉRAL

DES LIEUX INSALUBRES

SITUÉS SUR LE BORD DE LA MER,

PAR

M. SCIPION GRAS

INGÉNIEUR EN CHEF AU CORPS IMPÉRIAL DES MINES,

Auteur de la *Carte géologique et agronomique du département de l'Isère*
Couronnée par la Société impériale et centrale d'agriculture.

———oo꞉ꞏꞏ꞉oo———

PARIS

DUNOD, ÉDITEUR

SUCCESSEUR DE V^{or} DALMONT

Précédemment Carilian-Gœury et V^{or} Dalmont,

LIBRAIRE DES CORPS IMPÉRIAUX DES PONTS ET CHAUSSÉES ET DES MINES,

Quai des Augustins, 49,

—

1866

AVERTISSEMENT.

Tout le monde sait que la Corse n'a
participé que très-imparfaitement au progrès général. Ayant été chargé par M. le
Ministre de l'Agriculture, du Commerce et
des Travaux publics, de l'exécution de la
Carte géologique et agronomique de cette
île, je l'ai parcourue dans tous les sens
et je suis resté convaincu que la principale cause de son état arriéré, était l'insalubrité de son littoral. C'est là, en effet,
que sont concentrées presque toutes les
ressources agricoles et industrielles qu'offre
son territoire et elles y sont en quelque
sorte annulées, puisque le mauvais air
s'oppose à ce que l'on en profite. Cette
considération m'a décidé à faire marcher
de front l'exploration agronomique des

terrains qui s'étendent le long de la mer, et la recherche des moyens de les assainir. Cette dernière étude dont je publie aujourd'hui le résultat, m'a singulièrement intéressé ; elle a pris peu à peu un développement auquel je ne m'attendais pas.

J'ai d'abord cherché à me rendre compte des obstacles qui avaient retardé jusqu'à ce jour, un assainissement que réclament depuis longtemps les vœux réitérés des populations et les intérêts les plus pressants. J'ai reconnu que ces obstacles n'étaient que trop réels ; cependant je ne les crois pas insurmontables, et j'ai été conduit à proposer un procédé nouveau, qui m'a paru propre à en triompher.

La côte orientale de la Corse, aujourd'hui presque entièrement inculte et déserte à cause des exhalaisons délétères qui y règnent pendant une grande partie de l'année, n'a pas toujours été telle. Autrefois, sous la domination Romaine et à une époque antérieure, elle a été très-peuplée. Des villages et même des villes importantes y florissaient ; ce qui suppose qu'alors les lieux étaient parfaitement sains. Combien de temps a duré cette salubrité ? Quels changements du sol l'ont fait disparaître ? Quelle a été la cause de ces changements ? J'ai traité ces diverses questions qui sont d'un haut intérêt. Mes réponses ont pleinement confirmé le système d'assainissement auquel j'étais déjà parvenu par d'autres considérations.

Il existe le long des côtes méridionales de la France, à l'ouest de l'embouchure du Rhône, des marais et des étangs plus nombreux que ceux de la Corse et, cependant, moins nuisibles à la santé publique. Il était important de savoir à quoi cela tenait et de déterminer d'une manière générale, les conditions physiques desquelles dépend le degré plus ou moins grand d'insalubrité des amas d'eau stagnante voisins de la mer. J'ai entrepris cette étude ; les faits que j'ai observés et mes conclusions sont consignés dans une note.

Enfin, j'ai montré que l'insalubrité du littoral de la Corse, n'était point due à des causes purement locales. Le même mal sévit dans une foule de lieux situés sur les bords de l'Océan et des mers intérieures, en Europe et dans les autres parties du monde, partout où les rivages offrent une configuration favorable à son développement. Le procédé d'assainissement que je propose est donc d'un intérêt général.

Ce petit livre a été inspiré par le désir d'être utile; je serai heureux si ce but est atteint.

TABLE DES MATIÈRES

DEUXIÈME PARTIE.

MOYENS D'ASSAINISSEMENT.

NOTE A.

Importance de l'assainissement de la Corse et fertilité des terres qui n'y sont pas cultivées à cause de leur insalubrité.

NOTE B.

Sur les rapports qui existent entre la salubrité des côtes et la libre communication des étangs avec la mer.

APPENDICE.

Ruines d'Aléria et de Mariana.

NOTE C.

Sur les étangs littoraux du midi de la France entre Perpignan et Aigues-Mortes.

FIN DE LA TABLE.

ASSAINISSEMENT

DU

LITTORAL DE LA CORSE.

INTRODUCTION.

Contrastes qu'offre la Corse ; comment on les a expliqués. — La plupart des auteurs qui ont écrit sur la Corse se sont plu à faire l'énumération des richesses naturelles de cette île, et à les opposer à son état économique arriéré : ils ont vanté la fertilité incomparable d'une partie de son territoire, la variété de ses productions, l'étendue et la beauté de ses forêts, la douceur de son climat, la sûreté de ses ports et leur heureuse position entre la France et l'Italie ; puis ils nous ont montré dans ce pays privilégié une population à demi sauvage et égale à peine à la moitié de celle que le sol pourrait nourrir, des terres en friche ou mal cultivées, un commerce insignifiant et une industrie presque nulle. Ceux qui ont fait ces deux peintures contrastantes, vraies au fond, quoique souvent on ait chargé un peu les couleurs afin de produire plus d'effet, ont cherché aussi à expliquer comment tant de ressources pouvaient être unies à tant de pauvreté !

Les uns en ont vu la raison dans l'indolence des habitants qui n'ont, à ce que l'on prétend, ni goût ni aptitude pour le travail. On leur a souvent reproché et on leur reproche encore de faire cultiver leurs terres par des Lucquois dont le salaire exporté chaque année en Italie est une des causes de l'appauvrissement de l'île. Cette indolence n'est pas cependant un fait aussi général qu'on le croit. Parmi les Corses beaucoup vont se fixer dans les villes et les bourgs pour y exercer des professions laborieuses, et ils ne le cédent en rien aux ouvriers étrangers. D'autres en assez grand nombre, surtout depuis quelques années, émigrent afin de pouvoir se livrer avec plus de succès au commerce ou à l'industrie. D'ailleurs en admettant, ce qui nous paraît très-contestable, que la population n'ait pas toute l'activité nécessaire pour tirer parti des richesses naturelles qui sont à sa disposition, rien n'empêcherait les étrangers de venir en profiter. L'administration et les indigènes eux-mêmes les y convient. Plusieurs compagnies industrielles se sont en effet formées dans ce but, ne doutant pas qu'elles ne dussent promptement s'enrichir dans un pays qu'on leur représentait comme une nouvelle terre promise ; mais de cruels mécomptes, par suite d'obstacles imprévus ou mal appréciés, leur ont prouvé que des bras, de l'intelligence et des capitaux ne suffisaient pas pour assurer le succès des entreprises en Corse.

D'autres ont pensé que les difficultés résultaient surtout de l'absence des moyens de communication. Cette opinion ne peut plus se soutenir aujourd'hui ; car, dans ces dernières années, on a ouvert un grand nombre de routes qui lient entre eux les principaux centres de population et donnent pour le transport de leurs produits toutes les facilités désirables. Ces nouvelles communications ont eu pour résultat d'augmenter la valeur des terres des lieux traversés, et de multiplier les relations de canton à canton ; mais elles n'ont pu transformer l'île.

et il est aisé de prévoir dès à présent que ce
n'est point par ce moyen que l'on parviendra
à un pareil résultat.

On a allégué aussi le défaut de sécurité pour
les personnes et pour les propriétés. Cette raison
ne vaut pas mieux que la précédente. Il n'existe
plus de bandits depuis 1857; des mesures éner-
giques les ont fait disparaître. Une répression
sévère atteint aussi maintenant les délits contre
les propriétés. Les abus qui peuvent encore
exister sous ce rapport tendent de plus en plus
à disparaître, et ne sont plus qu'un mal secon-
daire.

*L'insalubrité du littoral est la véritable cause
de l'état arriéré du pays.* — Plusieurs auteurs,
qui connaissaient bien le pays, ont insisté sur
les conséquences désastreuses de l'insalubrité
d'une partie de son territoire et surtout du
littoral (1). Après avoir lu tout ce qu'on a écrit
sur ce sujet et avoir nous-même visité plusieurs
fois les lieux, nous sommes resté convaicu que
là en effet était la principale cause du mal.
Pour faire partager notre conviction nous rappellerons que la Corse se compose de deux par-

----

1. Voyez la note A.

ties bien distinctes. La première, qui comprend
l'île presque entière, est essentiellement montagneuse. Les vallées y sont étroites, profondes et
séparées entre elles par des rochers abrupts, qui
ont sur beaucoup de points 1,400 à 2000 mètres de hauteur au-dessus du niveau de la mer et
qui peuvent même atteindre jusqu'à 2,816 mètres (1). Son sol est rarement cultivable, au
moins sur une grande étendue, à cause de l'altitude des lieux et de leur pente excessive. Ses principales ressources agricoles consistent en bois, en
pâturages et en troupeaux, dont la valeur est nécessairement subordonnée à la facilité des débouchés. La seconde partie, beaucoup moins vaste
que la précédente, se compose du littoral et des
collines peu élevées dont il est bordé. On trouve
ici de grandes étendues de terres faiblement
inclinées et d'une fertilité quelquefois prodi-

---

(1) D'après M. Bravais (*Patria*, page 94), les plus hautes montagnes de la Corse sont les suivantes :

	mèt.		mèt.
Monte Cinto, haut de	2,816	Monte Paglia Orba. .	2,654
— Rotondo. . . .	2,764	— Cardo.	2,500
— d'Oro.	2,652	— Renoso.	2,257

On voit que le *monte Rotondo*, considéré à tort comme le
point culminant de la Corse, a 52 mètres de moins que le *monte
Cinto*.

gieuse ; le climat y est admirable et, à sa faveur, le sol se couvre des productions les plus variées et les plus précieuses. Les canaux d'arrosage sont faciles à établir ; les routes sont bonnes et peuvent être multipliées sans beaucoup de frais. A ces nombreux avantages viennent se joindre ceux qu'offrent le voisinage de la mer et l'existence de ports sûrs et bien situés. Or cette région, où sont concentrés presque tous les éléments de la prospérité de la Corse et qui est destinée à transmettre la vie à la partie centrale beaucoup moins favorisée, est précisément celle qui ne peut faire aucun progrès à cause de son insalubrité! Il n'est pas de département en France, pris parmi les plus riches, qui ne renferme, à côté de cantons très-productifs, d'autres qui le sont beaucoup moins, et qui cependant offrent une certaine importance à cause du voisinage des premiers. Supprimez ceux-ci, les autres n'ont presque plus de valeur : c'est l'histoire de la Corse.

Preuves tirées des richesses de la côte orientale annulées par son insalubrité. — Afin de mettre cette vérité en évidence en nous appuyant sur des faits, nous allons entrer dans quelques détails sur la plaine aujourd'hui déserte, quoique très-fertile, qui constitue en partie la côte orientale de l'île. Nous montrerons que si l'on parvenait à lever les obstacles qui s'opposent à sa culture, sa prospérité agricole et industrielle serait telle qu'elle influerait nécessairement sur celle des cantons montagneux du voisinage; que le grand progrès qui en serait la conséquence se propagerait au loin, en sorte que toute la Corse en ressentirait les heureux effets. Nous ferons voir en même temps qu'il n'y a pas d'autre empêchement à la réalisation d'un avenir aussi désirable, que les exhalaisons pestilentielles qui désolent la contrée et la rendent inhabitable pendant une grande partie de l'été et de l'automne.

La plaine de la côte orientale, dont nous voulons parler, s'étend du nord au sud, depuis Bastia jusqu'à la marine de Solenzara, sur une longueur d'environ 100 kilomètres. Sa surface est parfois inégale et accidentée, surtout dans le voisinage des montagnes où l'on observe de profonds ravins creusés par les torrents. Sa largeur est très-irrégulière. Elle peut être évaluée moyennement à 5 kilomètres entre Bastia et l'embouchure du Fiumalto. De ce dernier point à la marine de Prunella, en face de Cervione, elle n'est plus que de 2 à 3 kilomètres et quelquefois moins. Au sud de Cervione, elle augmente rapidement et atteint aux environs d'Aléria, près d'un myriamètre et demi; c'est son maximum. Sa superficie totale est au moins de 607 kilomètres carrés. La ligne séparative de cette plaine et des montagnes environnantes est indiquée assez nettement par une variation brusque dans la pente générale du sol, et surtout par un changement complet dans la nature minéralogique des roches. Les montagnes sont formées de calcaires en bancs solides, de schistes argilo-calcaires et de schistes serpentineux appartenant à la formation *nummulitique.* On ne voit dans la plaine que des matières arénacées qui constituent trois terrains bien distincts, savoir : 1° un *terrain tertiaire;* 2° des *dépôts quaternaires;* 3° des *alluvions modernes.* Le *terrain tertiaire* commence à se montrer aux environs de Cervione, et l'on peut le suivre de là jusque tout près de Solenzara. Partout il sert de base aux dépôts quaternaires. On l'aperçoit à la partie inférieure des collines de cailloux roulés, dans l'intérieur des ravins et en général au fond des coupures naturelles ou artificielles du sol. Il consiste le plus souvent en un grès siliceux, blanchâtre, friable, quelquefois riche en carbonate de chaux, qui renferme les fossiles de la mollasse marine supérieure des Alpes et date très-probablement de la même époque géologique. Le *terrain quaternaire* est essentiellement composé de cailloux roulés (1) de diverses espèces disséminés dans un sable argileux, presque toujours coloré en rouge ou en jaune par de l'oxyde de fer. On y distingue deux étages. Le plus ancien n'est qu'un mélange confus et en proportions variables de sable et de cailloux roulés; il couronne les plateaux et les collines à base de mollasse qui constituent la partie accidentée de la plaine. Le plus récent, séparé du précédent par une grande dénudation du sol, occupe des espaces immenses à surface ordinairement unie; il offre le plus souvent à sa partie supérieure des argiles sableuses avec de l'oxyde de fer, reposant sur une assise également ferrugineuse où dominent les cailloux roulés. Les deux étages quaternaires réunis ont une superficie d'environ

---

(1) Ces cailloux offrent la collection complète de toutes les roches dures qui constituent le versant oriental de l'île. On y remarque principalement des granites, des protogines, des eurites, des diorites et des calcaires à texture cristalline.

1.

540 kilomètres carrés (1). Le *terrain alluvien moderne*, dont l'étendue totale peut être évaluée à 67 kilomètres carrés (2), est à un niveau constamment inférieur à celui des dépôts caillouteux dont nous venons de parler. On l'observe le long des rivières, dans des bassins plus ou moins spacieux que les eaux couvrent à l'époque de leurs grands débordements. Il consiste en un limon fin, un peu sableux, de couleur grisâtre, tout à fait semblable au lehm de l'Alsace, sauf qu'il est en général pauvre en carbonate de chaux; il ne renferme ni gravier ni cailloux, au moins à sa surface.

Considérés au point de vue agricole, les terrains géologiques dont nous venons de parler présentent les caractères suivants :

Le *terrain nummulitique* donne naissance à une terre végétale tantôt argileuse, tantôt argilo-fragmentaire, reposant sur un sous-sol très-peu perméable. Cette terre est généralement fertile,

---

(1) On a compris dans cette superficie les affleurements tertiaires qui sont trop petits et trop morcelés pour être comptés à part.

(2) Ces 67 kilomètres carrés se répartissent de la manière suivante entre les divers bassins de la plaine : *Golo*, 28; *Tavignano et Tagnone*, 20; *Fiumorbo*, 9; *divers*, 10; total, 67.

toutes les fois qu'une trop grande inclinaison de sa surface n'y met pas obstacle. Elle convient spécialement à la culture des céréales.

Le *terrain tertiaire* intéresse peu l'agriculture; car presque partout il est caché sous des dépôts plus récents. Les lieux escarpés où il est à découvert sont entièrement nus ou occupés par des bois.

L'*étage quaternaire ancien* a les défauts des terrains trop caillouteux. Les plantes herbacées ne peuvent y réussir; mais, grâce au climat, il convient à des cultures arborescentes importantes, telles que la vigne, l'olivier, l'amandier et le mûrier. La plupart des vignes comprises entre Linguizzetta et Cervione y sont établies.

L'*étage quaternaire récent*, qui s'étend sur presque toute la plaine, offre à sa surface une couche argilo-sableuse naturellement fertile. Les champs bien cultivés, compris entre Bastia et le cours du Golo, en sont la preuve. Les céréales, les plantes fourragères, les légumes, la vigne, le mûrier et tous les arbres fruitiers propres au pays y donnent de beaux produits. Cette fertilité pourrait être au moins quintuplée par l'irrigation. La plupart des cours d'eau du versant oriental de la Corse, comme le Golo, la Bravone, le Tavignano, le Fiumorbo, etc., sont intarissables, même à l'époque des plus grandes chaleurs. En y pratiquant des dérivations dans l'intérieur des gorges par lesquelles ils débouchent dans la plaine, il serait facile d'arroser celle-ci dans presque toute son étendue (1). Les avantages de l'opération seraient immenses. On sait que dans les contrées méridionales auxquelles la nature a prodigué la chaleur et la lumière, il suffit d'y ajouter l'eau pour que la fécondité de la terre, devenue merveilleuse, soit une source de richesses inépuisables.

Les *alluvions modernes* constituent les meilleures terres de la plaine, elles conviennent à toutes les cultures et principalement à celle du blé. Leur fertilité est prodigieuse et se maintient telle indéfiniment; car, presque chaque année, elle est renouvelée par des débordements analogues à ceux du Nil. Sur quelques points le produit en froment est de vingt à

---

(1) Comme on n'aurait jamais assez d'eau pour le sol léger de la plaine que dessèche un soleil brûlant, il conviendrait de construire des réservoirs d'arrosage en élevant des barrages à l'intérieur des gorges. Ces réservoirs dont il existe des exemples sur le continent, notamment à Caromb (Vaucluse), seraien très-faciles à établir en Corse, où le fond des vallées est étroit et inculte.

vingt-cinq fois la semence ; il est communément de douze à quinze sans qu'il soit nécessaire d'ajouter de l'engrais. Ce terrain n'a pas
besoin d'être arrosé, parce que dès le commencement de l'été, la végétation y est tellement
touffue, qu'elle maintient dans le sol la fraî-
cheur qui lui est nécessaire.

On voit par ce qui précède que sur les
607 kilomètres carrés de terrain que renferme
la plaine, il y en a 67 d'une fertilité exceptionnelle et environ 540 autres susceptibles d'une
culture très-avantageuse, surtout à l'aide de
l'irrigation. A cette richesse territoriale, il faut
joindre l'existences de deux sources minérales
qui jouissent d'une grande réputation. Elles
sont situées au pied des montagnes, l'une à
Puzzichello et l'autre à Petrapola. La pêche le
long de la côte pourrait être une autre branche
importante de revenus. Enfin, au nord et au sud,
les ports de Bastia et de Porto-Vecchio, liés
entre eux par une bonne route, présentent les
plus grandes facilités pour les exportations et
les importations.

Il semble qu'une contrée aussi favorisée de
la nature devrait être parvenue à un haut
degré de prospérité. Loin de là, elle offre l'image

d'un désert. En effet, en dehors de quelques groupes de maisons bâties, pour la plupart depuis peu de temps, sur le bord de la route impériale, on pourrait à peine trouver cinq ou six habitations dans le reste de la plaine. Cette solitude est surtout frappante au sud du Tavignano, où le pays n'est à proprement parler qu'un vaste *makis* (1) habité par des sangliers et d'autres animaux sauvages. Les seules parties du sol qui ne soient pas en friche sont les alluvions fertiles qui bordent les cours d'eau. Elles appartiennent en général à des habitants des montagnes environnantes qui descendent de leurs villages pour les cultiver pendant quelques mois de l'année. Ils n'en retirent pas le quart des produits qu'en obtiendrait une population fixée sur les lieux. On a essayé, mais vainement, de changer cet état de choses. Une compagnie puissante s'était formée pour exploiter en grand, d'après les règles d'une

----

(1) On appelle *makis*, en Corse, des bois taillis touffus et en général peu élevés, composés principalement du ciste de Montpellier, du ciste à feuille de sauge, de l'arbousier commun, du lentisque, du myrte, de diverses espèces de filaria et de bruyères. Ces arbustes croissent spontanément dans le pays comme l'herbe sur le continent.

agriculture perfectionnée, le terrain alluvien
de Migliacciaro que baigne le Fiumorbo : elle
a échoué. Les terres d'où l'on espérait retirer
des récoltes riches et variées, ont été converties
pour la plupart en prairies naturelles, c'est-
à-dire qu'il y a absence de culture. Une autre
ferme, celle de Vadina, a été abandonnée. Avant
que le vaste domaine de Casabianda, qui comprend les meilleures terres des bords du Tavignano et du Tagnone, fût acheté par l'État, il
était à peu près inculte. Aujourd'hui on y a
placé un pénitencier renfermant trois à quatre
cents détenus. A l'aide de ce personnel on a entrepris de grands travaux agricoles ; des makis
ont été défrichés, de nouveaux bâtiments ont
été construits, l'activité est venue animer cette
ancienne solitude ; mais c'est une prospérité
purement artificielle, car elle coûte des sommes
énormes au gouvernement.

Les causes qui s'opposent à toute espèce de
progrès dans cette plaine dont le sol recèle tant
de richesses, se réduisent à une seule, qui est une
grande insalubrité. Plus tard nous entrerons
dans beaucoup de détails sur l'origine de cette insalubrité ; pour le moment, nous nous bornerons
à dire qu'elle est la conséquence immédiate de

la variation du niveau des eaux dans un grand nombre de marais et surtout d'étangs situés le long de la mer. Vers la fin de l'automne, qui est la saison des pluies, ces étangs grossis par leurs affluents débordent et envahissent sur une étendue plus ou moins considérable les terres riveraines. Cet état de choses se maintient sans changement bien sensible pendant l'hiver et le printemps. Lorsque l'été arrive, le volume des affluents diminue et l'évaporation augmente. Les eaux baissent alors beaucoup et laissent à découvert de vastes espaces imprégnés de matières végétales et animales. Celles-ci, frappées par un soleil brûlant, entrent en putréfaction et dégagent des miasmes très-délétères, qui occasionnent dans la plaine et même sur les hauteurs les plus voisines, des fièvres intermittentes, putrides ou pernicieuses, le plus souvent mortelles. Le mal commence à se faire sentir dès que les chaleurs deviennent un peu fortes, c'est-à-dire en juin; il augmente en juillet, atteint son maximum aux mois d'août et de septembre et diminue rapidement en octobre. Il cesse complétement lorsque, par le retour des pluies, les surfaces, qui étaient des foyers d'infection, sont de nouveau couvertes

par les eaux. Il n'y a pas d'autre moyen d'é-
chapper au péril de ces émanations pestilentielles que de les fuir. Aussi l'émigration est-
elle générale. Dès que les blés sont mûrs les
cultivateurs se hâtent de les récolter et de ga-
gner leurs villages au sein des montagnes. Si
par suite de circonstances accidentelles, la
moisson est retardée, ils se trouvent dans la nécessité ou de l'abandonner ou de compromettre
leur santé. Même en se retirant au plus tôt, ils
ne sont pas sûrs que le rédoutable fléau les
aura épargnés (1). Le propriétaire du haut-
fourneau de Solenzara est obligé, à son grand
détriment, d'interrompre son fondage ; les ouvriers quittent un séjour devenu dangereux.

---

(1) On lit dans Robiquet, *Recherches historiques et statistiques
sur la Corse*, page 517, que souvent les cultivateurs emportent
dans leurs villages le germe de maladies mortelles contractées
dans la plaine. Elles se développent plus tard par suite du passage d'un air chaud et dense à celui des montagnes qui est
plus rare et plus frais et parce qu'à l'activité a succédé le repos.
On comptait en 1780, dans une des communes du canton de la
Serra, quatre-vingt-dix veuves dont les maris avaient été victimes du mauvais air respiré sur le littoral. La fertile plaine
d'Aléria est donc comme un piége continuel tendu aux populations environnantes. Ainsi que l'a dit l'abbé Gaudin, les fruits
qu'on y recueille sont toujours mêlés à des semences de maladie
et de mort. Voyez la note A.

La petite garnison du fort d'Aléria se retire à Cervione, village que sa position élevée met à l'abri du mauvais air. La gendarmerie abandonne la grande route et se réfugie également sur les hauteurs. Les employés de la douane ne pouvant, à moins d'interrompre complétement leur service, s'éloigner de la mer, se divisent en deux brigades : l'une continue à surveiller la côte, tandis que l'autre habite la montagne; ils se relèvent de dix jours en dix jours. L'établissement de Casabianda est presque désert; on n'y laisse que le personnel strictement nécessaire pour sa garde. On peut dire qu'au mois d'août tout le monde a fui, sauf ceux que des devoirs impérieux ou des intérêts pressants ont retenus sur les lieux. Ces malheureux, malgré les précautions hygiéniques auxquelles ils ont recours, sont décimés par la maladie. S'ils échappent à la mort, leur santé est ruinée pour toujours. On les reconnaît à leur teint hâve et à un affaiblissement général qui les rend impropres au travail. Les miasmes qui se dégagent sont tellement délétères que, même après leur mélange avec beaucoup d'air, ils restent dangereux. Ainsi il arrive souvent qu'entraînés par les courants de l'atmosphère que l'on nomme

brises périodiques, ils remontent le long des
gorges et vont porter l'infection jusqu'au centre
des cantons montagneux. Il est difficile en effet
de ne pas attribuer à cette cause l'insalubrité en
été de la partie profonde des vallées du Golo et
du Tavignano, à une distance plus ou moins
grande de leurs débouchés dans la plaine. Les
villages des environs, même lorsqu'ils sont bâtis
sur les hauteurs, sont quelquefois atteints. Ainsi
la mortalité est toujours très-grande à Biguglia,
placé en face du grand étang qui porte ce nom;
elle n'est pas moindre à Furiani, situé un peu
plus au nord.

On comprend maintenant pourquoi ce pays
est inculte et comment il se fait que toutes les
entreprises agricoles y échouent. Peut-il en être
autrement, lorsque sa rare population est obligée
d'émigrer en été et en automne, précisément à
l'époque des récoltes? Cependant le sentiment
des richesses naturelles que son sol renferme
est si vif, que chaque année on fait des efforts
persévérants pour en profiter. La valeur des
terres s'accroît dans l'espérance d'un meilleur
avenir; on essaye de les défricher; de nouvelles
maisons se construisent et le nombre des habitants augmente. On assiste là à un spectacle

plein d'un douloureux intérèt : c'est, d'une part, le génie de l'activité humaine cherchant à prendre son essor sur une terre qui se repose depuis des siècles et qui ne demande qu'à produire, et de l'autre un fléau terrible, implacable assignant des bornes étroites au progrès et punissant de mort l'imprudent qui ose les franchir.

L'avenir de la Corse est lié à celui de la côte orientale. — L'avenir de la Corse dépend de l'issue de cette lutte. Supposons en effet que l'on parvienne à assainir complétement cette contrée, que l'on fuit aujourd'hui. Il est certain que les terres d'alluvion d'une grande fertilité qu'elle renferme, seront immédiatement exploitées avec un grand avantage. Pour les autres, leurs défrichements marcheront avec rapidité et l'on verra des fermes s'y élever de toutes parts. Bientôt des champs de céréales, la vigne, l'olivier, le mûrier, l'amandier, l'oranger auront remplacé les makis improductifs. A ces cultures on joindra celles du chanvre, du lin, du tabac et du coton auxquelles, d'après des essais, le sol convient admirablement. Plus tard des usines, que l'abondance des capitaux et le voisinage des matières premières feront établir, ajouteront à la richesse publique. L'agriculture est en effet une espèce d'arbre merveilleux dont les branches rapprochées du tronc ne portent que des fruits de la terre, mais dont les derniers rameaux se chargent de tous les produits de l'industrie humaine. On peut affirmer sans crainte d'être taxé d'exagération qu'au bout d'un certain temps la population de la plaine aura plus que centuplé (1). Or il est impossible qu'une étendue de pays aussi considérable, de pauvre et de déserte qu'elle était, devienne riche et peuplée, sans que tous les cantons environnants se ressentent d'une pareille métamorphose. Des rapports commerciaux s'établiront entre la plaine et la montagne. La première enverra à la seconde du blé, du vin, de l'huile, des produits manufacturés, et recevra en échange des matériaux de construction, des marbres, des bois, de la laine, des bêtes de somme, etc. Sous l'influence toute-puissante de l'exemple, les bons procédés d'agriculture se propageront.

---

(1) En admettant que la population spécifique de cette plaine devienne égale à celle du département du Nord, ce qui n'aurait rien d'extraordinaire, le nombre total de ses habitants, calculé à raison de 229 par kilomètre carré, serait de 159,005. La Corse entière n'en renferme aujourd'hui que 252,889.

L'augmentation du prix des terres amènera des défrichements. De proche en proche, la Corse ou tout au moins une grande partie de son territoire, se transformera, avec lenteur sans doute mais d'une manière continue. Le mouvement une fois imprimé ne s'arrêterait plus (1).

Autres lieux dont l'insalubrité est un obstacle au progrès. — Après la grande et fertile plaine de la côte orientale, d'autres parties du littoral, si l'on parvenait à les assainir, contribueraient puissamment à l'amélioration industrielle et agricole de l'île.

Porto-Vecchio est une petite ville placée au fond d'un golfe magnifique, où s'abriterait facilement une flotte entière. Son port, le plus sûr de la Corse, pourrait être le centre d'un grand commerce alimenté par les produits de l'arrondissement de Sartène et de Corte. Les terres

---

(1) La transformation de la Corse n'est pas seulement à désirer dans l'intérêt de ses habitants; elle importe beaucoup à la France continentale pour laquelle la possession de cette île est onéreuse. On évalue à 5 millions ce qu'elle coûte annuellement au trésor.

Le duc de Choiseul faisant allusion à l'impossibilité, au point de vue politique, de renoncer à la Corse, disait souvent qu'il donnerait bien un million pour qu'elle disparût de la Méditerranée. Le ministre de Louis XV aurait pu donner davantage, si ce pays devait rester tel qu'il est.

environnantes sont très-fertiles et conviennent surtout au blé. Ces avantages sont annulés par l'insalubrité des lieux qui n'est guère moindre que celle de la plaine d'Aléria. Depuis le mois de juillet jusqu'en novembre, le pays est abandonné par la plupart de ses habitants.

Calvi, point militaire important sur la côte nord-ouest, est situé au nord de terres fertiles, qui s'étendent jusqu'à Galeria sur une longueur de plus de deux myriamètres. Son port présente un excellent mouillage pour les gros navires et n'est séparé d'Antibes que par une traversée de 10 à 12 heures. La position de cette ville offre par conséquent de nombreux avantages. Nul doute que ses relations commerciales ne fussent très-étendues, si sa population n'avait beaucoup à souffrir des fièvres qu'occasionne un marais voisin. Cet obstacle à sa prospérité est en même temps funeste au vaste et fertile territoire des environs de Galeria, qui, étant privé de débouchés, reste inculte.

L'arrondissement de Bastia renferme une contrée nommée le Nebbio, dont le sol quoique escarpé est très-productif. On y récolte des huiles très-estimées, de bons vins, des fruits excellents et diverses céréales. Ce pays n'a pas d'autre débouché que Saint-Florent, bourg bâti au fond d'un vaste golfe, dans une position très-heureuse, mais qui néanmoins est languissant. Ici encore le mauvais air s'oppose à tout progrès.

Division de l'ouvrage. — Nous croyons avoir prouvé suffisamment que l'assainissement des côtes de la Corse est pour ce pays une question vitale. Il nous reste à examiner comment on peut la résoudre. Cette étude sera divisée en deux parties : nous analyserons d'abord les causes qui ont donné lieu à la formation des étangs et des marais insalubres. Cette analyse, indépendamment de son intérêt scientifique, jettera du jour sur les moyens à employer pour remédier au mal. Nous discuterons ensuite ces moyens et nous arriverons à en proposer un qui nous paraît à la fois simple et efficace.

PREMIÈRE PARTIE.

ORIGINE DE L'INSALUBRITÉ.

Origine de l'insalubrité des côtes ; détails sur le cordon littoral. — Les auteurs qui ont parlé des amas d'eau insalubres situés le long des côtes de la Corse ont, presque tous, attribué leur formation aux torrents qui descendent des montagnes. Ces cours d'eau, en arrivant sur un sol faiblement incliné auraient, suivant eux, déposé des matières sableuses et par suite barré leur embouchure. Cette opinion est tout à fait dénuée de fondement. D'abord il existe des étangs qui ne reçoivent pas de torrents dans leur sein ; par conséquent, ils n'ont pu être créés par des alluvions originaires des montagnes. En second lieu, si les étangs s'é-taient formés à la suite de dépôts survenus aux embouchures des rivières, leur fond serait plus élevé que le niveau de la mer; or c'est le contraire que l'on observe presque toujours. L'explication que l'on donne est donc inadmissible. Les étangs et les marais du littoral de la Corse ne sont pas dus à des causes purement locales; ils sont la conséquence d'un fait très-général, qui se manifeste sur tout le contour de la Méditerranée et sur les bords de l'Océan dans les deux hémisphères. Ce fait est la tendance qu'ont les vagues à accumuler des matières de transport sur le rivage lorsque celui-ci présente une très-faible inclinaison. Le résultat de cette accumulation est une espèce de bourrelet composé de sable et de gravier, auquel nous donnerons, avec M. Élie de Beaumont (1), le nom de *cordon littoral.* Il est continu tant que les conditions favorables à sa formation subsistent. Sa hauteur et son talus dépendent, dans chaque localité, du régime de la mer, de l'inclinaison de son lit, ainsi que de la grosseur et de l'abon-

---

(1) Plusieurs savants ont décrit les amas de sable et de gravier qui se forment sur les bords de la mer, mais aucun d'eux n'a traité ce sujet aussi complétement et avec autant de méthode que M. Élie de Beaumont. Voyez ses *Éléments de géologie pratique,* 7e leçon. Dans ce qui suit, nous lui avons emprunté plusieurs faits en y joignant quelques unes de nos propres observations.

dance des matières meubles qu'elle met en mouvement (1). Lorsque les vagues ont, comme celles de l'Océan, une grande puissance, il est rare que le cordon littoral ne soit pas formé au moins en partie de galets; sur les bords de la Méditerranée et particulièrement en Corse, on n'y observe guère que du sable. Au reste, la grosseur des matières entassées n'est pas seulement en rapport avec la force des vagues, elle dépend aussi de la nature des fonds qui peuvent être sablonneux ou caillouteux. Les galets, lorsqu'ils sont associés au sable, se trouvent ordinairement un peu au-dessus de celui-ci. En effet, ils n'ont pu être amenés sur la plage que lorsque la mer était violemment agitée, et c'est alors que les vagues s'élèvent le plus haut.

La *fig.* 1 indique la forme la plus habituelle

---

(1) Le talus d'un cordon littoral dépend surtout de l'inclinaison du lit de la mer sur les bords; car l'observation prouve que les vagues tendent à raccorder l'un avec l'autre de manière à former une courbe continue. Ce talus, très variable suivant les lieux, peut aller jusqu'à 25° et au delà. Quant à l'élévation du cordon littoral, elle est en rapport direct avec la force des vagues qui font remonter le sable et les cailloux contre la pesanteur, d'autant plus haut qu'elles sont plus puissantes. Cette élévation atteint quelquefois 7 à 8 mètres ; elle n'est ordinairement que de 3 à 4 sur les bords de la Méditerranée.

d'un cordon littoral. Le talus $a\,b\,c$ qui regarde la mer est plus incliné que celui du versant opposé ; il offre en général deux étages, $a\,b$ et $b\,c$ qui correspondent à deux régime principaux des vagues dont l'agitation peut être médiocre ou très-forte. Lorsqu'elles atteignent le point c ou qu'elles le dépassent, l'étage inférieur $a\,b$ s'efface en se raccordant avec la partie supérieure du talus. Cet étage se reproduit dès que les vagues s'élèvent à une hauteur moindre. Lorsqu'une mer est sans marées bien sensibles, elle baigne constamment le pied de son cordon littoral ; dans le cas contraire, elle s'en éloigne à la marée descendante jusqu'à ce qu'elle ait atteint son niveau minimum. L'espace compris entre deux est une plage plus ou moins inclinée, dont la surface est quelquefois accidentée.

Le sable qui forme le cordon littoral, lorsqu'il est abondant et que la côte est basse, donne naissance à un phénomène dont nous devons dire quelques mots. Ce sable desséché par le soleil devient facilement transportable par les vents qui soufflent fréquemment et avec force de la mer vers la terre ; il est alors poussé du même côté et progresse en s'accumulant sous

la forme de monticules nommés *dunes.* Celles-ci
s'avancent lentement, mais d'une manière continue, jusqu'à ce qu'elles soient arrêtées par
un obstacle. Quelquefois elles s'interposent
entre la mer et les étangs insalubres, dont elles
rendent l'assainissement plus difficile.

***Explication de la formation du cordon lit-
toral.*** — Avant d'entrer dans plus de détails
sur le cordon littoral et de montrer comment
il peut être une cause d'insalubrité, nous allons
essayer d'expliquer sa formation.

Tout le monde sait que, sauf dans quelques
cas exceptionnels très-rares, l'agitation de la
mer est occasionnée par le vent. Voici ce qui se
passe. Lorsque le vent souffle, l'eau soumise à
son impulsion est entraînée dans le sens de sa
direction et s'accumule sous la forme de vagues,
en sorte que sa surface cesse d'être horizontale.
Les inégalités plus ou moins considérables qui
s'y produisent donnent lieu à un autre phénomène. Les molécules les plus élevées tendent à
reprendre leur position d'équilibre, la dépassent à cause de la vitesse acquise, et y revien-
nent. Il en résulte des mouvements oscillatoires
ou des *ondes* qui se propagent circulairement,
suivant certaines lois que l'on est parvenu à

déterminer mathématiquement (1). Les mouvements de l'eau dus à l'action du vent sont donc de deux sortes : les uns consistent en déplacements de molécules poussées dans un certain sens, les autres sont des ondes qui résultent d'une inégalité de pression. Ces deux espèces de mouvement, en se combinant ensemble, produisent cette agitation continue et aux mille formes que l'on observe à la surface de la pleine mer, pour peu que le vent soit sensible. A une petite distance du rivage, l'agitation, quoique également très-compliquée, est cependant susceptible d'analyse, au moins dans ses faits principaux. On voit ordinairement des vagues dont les molécules sont douées à la fois d'un mouvement oscillatoire et d'un mouvement de translation, naître au large et s'avancer rapidement vers la côte. Leur dos est d'abord arrondi ; mais, à mesure qu'elles s'approchent, leur forme change par suite de la résistance toujours croissante du fond. Près du bord, elles sont animées à leur partie supérieure d'une vitesse

----

(1) Voyez le *Mémoire sur la théorie des ondes* par M. Poisson, dans le recueil des *Mémoires de l'Académie des Sciences*, t. I, 1818.

beaucoup plus grande qu'à leur base. Pour cette raison, on voit leur crête blanchie par l'écume se courber en avant, retomber et s'enrouler en quelque sorte sur elle-même. Dès que l'une de ces vagues a touché la terre, elle s'étale subitement et se transforme en une lame mince, écumeuse, qui remonte plus ou moins haut sur la plage et revient ensuite ; on dit alors que la mer *déferle*. La lame d'eau qui a envahi la plage est nommée *flot ascendant* ou *descendant* suivant le sens de son mouvement.

Lorsque le vent souffle du large vers la côte, la masse liquide n'éprouve pas seulement des oscillations ; ainsi que nous venons de le dire, elle est aussi poussée en avant. Or ce dernier mouvement n'est pas purement superficiel ; il se propage toujours à une profondeur plus ou moins grande, suivant la violence du vent. On comprend par conséquent qu'il doit se communiquer au sable et au gravier, placés au fond de la mer sous une hauteur d'eau peu considérable. Ces matières marchent peu à peu vers le rivage et s'y arrêtent lorsque la vitesse des vagues s'y est brisée. Si la plage est faiblement inclinée, elles y restent, au moins en partie, parce que le flot descendant n'a pas une force d'entraînement suffisante pour les rejeter. Mais ces dépôts ont une limite; car en s'accumulant ils donnent au sol une inclinaison toujours croissante. Par suite de cette augmentation de la pente, l'action de la pesanteur et celle du flot descendant deviennent de plus en plus puissantes, en sorte qu'il arrive un moment où les matières amenées par les vagues sont toutes repoussées. Alors l'équilibre est établi et le cordon littoral est créé. On peut donc définir celui-ci : *la forme que doit prendre un rivage faiblement incliné pour que l'action de la pesanteur jointe à l'impulsion du flot descendant soit capable de faire rentrer dans le sein de la mer toutes les matières qui en sont sorties.*

Lorsqu'un rivage a pris une inclinaison suffisante pour que des dépôts n'y soient plus possibles, le sable rendu à la mer est ordinairement dispersé par les vents qui soufflent parallèlement à la côte ou qui viennent de terre. Cependant il peut s'accumuler quelquefois, quoique rarement, en assez grande quantité pour donner lieu à un atterrissement. Alors le cordon littoral, limité dans le sens de la hauteur, augmente en largeur. La mer semble reculer et la plage s'accroît à ses dépens. Ce cas se réalise, non-seulement dans le voisinage de l'embouchure des rivières, mais même ailleurs, lorsque le fond présente une faible déclivité, que les matières sableuses sont abondantes et que les vents venant du large sont dominants. Ces conditions se trouvent réunies sur les côtes de la Frise, au nord-ouest de la Hollande, où des dépôts appelés *marschs* s'ajoutent sans cesse à la terre ferme et sont peu à peu conquis pour l'agriculture. On peut également citer l'isthme de Suez qui, depuis Hérodote, paraît s'être beaucoup accrue du côté de la mer Rouge, ce qui est attribué en partie au sable que le vent transporte des déserts voisins et que les vagues rejettent (1).

Formes diverses des rivages. — Il arrive fort souvent que le bord de la mer, au lieu d'être horizontal ou très-peu incliné, offre une pente sensible. L'action exercée par les vagues est alors très-différente, suivant que cette pente est inférieure ou supérieure au talus que prendrait naturellement un cordon littoral existant sur les lieux. Si la pente est inférieure à ce

---

(1) Lyell, *Principes de géologie* (traduction française) 2ᵉ partie, page 345.

talus, il y aura encore un dépôt de matières à la surface du sol, mais il sera en général restreint et peu épais. Ce dépôt ne sera qu'une addition faite au rivage pour compléter sa pente d'équilibre entre les matières vomies par la mer et celles qui y sont rejetées; par conséquent, il n'aura pas une forme caractérisée, comme dans la *fig.* 1. Les lettres *a b c, fig.* 2, indiquent un de ces amas de matières meubles, représentant la partie supérieure d'un cordon littoral; on les rencontre fréquemment le long des côtes qui ont une inclinaison modérée.

Si la pente d'un rivage, *fig.* 3, est supérieure au talus naturel d'un cordon littoral, aucun dépôt ne pourra s'y former. Loin de là, lorsque la mer déferlera avec violence, le flot descendant, en coulant avec une grande vitesse, tendra à dégrader le sol, et l'érosion de celui-ci continuera jusqu'à ce qu'il ait été ramené à la pente d'équilibre dont on a parlé plus haut.

Une forme de rivage qui rentre dans la précédente, et n'en est qu'un cas extrême, est celle qui présente des rochers escarpés nommés *falaises, fig.* 4. Ici l'action érosive de la mer est portée à son maximum d'énergie. Lorsque les vagues viennent se briser contre la paroi très-inclinée de ces rochers, ne pouvant continuer à se mouvoir dans le sens horizontal, elles s'élèvent verticalement jusqu'à ce que leur vitesse soit anéantie ; elles retombent ensuite, et cette chute, que les marins nomment *ressac*, a nécessairement pour effet de provoquer un affouillement à la base. Pour cette raison, les falaises sont toujours baignées par une mer d'autant plus profonde que leur dégradation est plus facile. Il n'y a d'exception que lorsque les fragments, provenant des éboulements, sont trop volumineux pour que le ressac puisse les disperser. Alors, en s'accumulant, ils protégent le pied des rochers, et, au bout d'un certain temps, le talus nécessaire à la stabilité du sol finit par s'établir.

Les figures 1, 2, 3 et 4 présentent les quatre types auxquels on peut rapporter toutes les formes des rivages. Dans la figure 1, la plage est presque horizontale, et le cordon littoral est parfaitement caractérisé. La figure 2 offre l'exemple d'un cordon littoral qui n'existe que partiellement, sa forme étant oblitérée à cause de l'inclinaison du sol. Dans les figures 3 et 4, il n'y a plus de dépôts ; la mer tend au conraire à dégrader le rivage. Cette dégradation est surtout énergique dans le cas de la figure 4, où il y a un ressac violent. Ces quatre formes principales, en passant les unes aux autres par des transitions insensibles, et en se mêlant quelquefois dans des espaces peu étendus, donnent naissance à cette variété presque infinie, que l'on remarque dans la configuration des côtes.

Barres à l'embouchure des rivières ; elles sont une cause d'insalubrité. — Nous allons revenir au cordon littoral afin de montrer que, par les modifications qu'il éprouve à l'embouchure des rivières et par celles qu'il apporte lui-même au contour des côtes, il est une cause d'insalubrité.

Au débouché d'un cours d'eau dans la mer, il existe une véritable lutte entre deux forces qui agissent en sens contraire. D'un côté, les vagues, par les raisons exposées précédemment, tendent à former en cet endroit un cordon littoral ; de l'autre, la rivière, ne pouvant couler que si ce cordon est surmonté, élève son niveau jusqu'à ce qu'elle ait acquis assez de force pour y faire une brèche. Le résultat de ces deux actions opposées est la création, à l'embouchure, d'un banc de sable immergé, qui porte le nom de *barre*. Étant, ainsi qu'on vient de le dire, une espèce de transaction entre deux puissances, qui tendent, l'une à créer un cordon littoral, et l'autre à le rendre nul, la barre constitue un intermédiaire entre ces deux résultats, et se rapproche physiquement d'autant plus de l'un ou de l'autre, que les circonstances locales sont plus favorables à la première ou à la seconde des deux forces. Ainsi, lorsqu'une rivière, ayant un volume peu considérable, débouche sur une plage vaste, faiblement inclinée et exposée aux vents de la haute mer, le bourrelet de sable formé par les vagues est bien caractérisé ; il emprisonne les eaux courantes, qui ne peuvent s'écouler qu'à travers des échancrures peu profondes et variables dans leur position. Si, au contraire, la rivière est volumineuse, à forte pente et bien encaissée, si elle se jette dans une mer dont la profondeur augmente rapidement, c'est à peine s'il existe une barre.

Afin de rendre sensible aux yeux ce que nous venons de dire, nous avons représenté, *fig.* 5, l'embouchure de la Gravone, près d'Ajaccio. La ligne *a b c* P *d e f* est le contour extérieur du cordon littoral. Les parties *a b c* et *d e f* sont émergées et ont la forme d'un bourrelet saillant. La partie cPd, à l'embouchure, est au contraire sous l'eau et constitue la barre. On remarquera que la rivière ne se jette pas dans la mer perpendiculairement au rivage. Il en est presque toujours ainsi, parce qu'une embouchure oblique est abritée contre le choc des vagues venant du large, et qu'un courant, dont la vitesse est faible, prend toujours la direction qui lui offre le moins de résistance. La figure 6, construite à une échelle deux fois plus grande que celle de la figure précédente, est une coupe longitudinale du lit de la Gravone, suivant son axe POR. La barre, dont le sommet est en O, offre, du côté de la mer, une pente beaucoup plus faible qu'en amont. C'est le contraire de ce que l'on observe dans un cordon littoral émergé ou ordinaire. Cette différence tient évidemment à l'action du courant qui, en repoussant le sable dans la mer, tend à créer de ce côté un plan incliné très-allongé. Pour la même raison, ce plan incliné ne fait pas suite à celui du rivage; il est en saillie dans le sein de la mer. Il résulte aussi de la figure 6 que, contrairement à une opinion assez généralement admise, la barre est plutôt formée par le sable qu'amènent les vagues que par celui qui est déposé par la rivière. En effet, en supposant qu'il arrive du sable en O, il ne peut pas se déposer sur le plan incliné O P, où la vitesse de l'eau est considérable; il descend jusqu'à la mer, et ce n'est qu'après avoir été remanié par les vagues qu'il peut entrer dans la composition de la barre; d'un autre côté, il est certain que la plus grande partie du sable charrié par une rivière s'arrête avant l'embouchure (1). Son dépôt ayant pour résultat d'augmenter la pente du lit, le courant acquiert plus de force et fait progresser peu à peu vers la mer le point O, sommet de la barre; c'est de cette manière qu'a lieu l'extension séculaire des delta.

Si ce n'est pas un petit cours d'eau, mais un grand fleuve qui débouche dans la mer, il est rare qu'il ne se partage pas en plusieurs branches, ayant chacune une embouchure particulière avec une barre, comme dans la figure 5. Ces embouchures partielles sont ordinairement mobiles. En effet, lorsqu'il survient une crue

---

(1) Nous croyons qu'en général les matières transportées jusqu'à la mer, consistent en un limon extrêmement ténu qui reste longtemps en suspension et que les courants dispersent au loin.

un peu considérable, le fleuve déborde toujours dans son delta, à cause de la faiblesse de la pente, et il arrive assez souvent que les eaux retenues par le cordon littoral parviennent à le surmonter sur quelque point, et à s'écouler dans la mer. Le passage qu'elles se frayent à travers le sable peut alors s'agrandir et devenir permanent. La création d'un nouveau bras, en diminuant la quantité d'eau qui coule dans les autres, provoque la fermeture de ceux qui sont les plus exposés à l'ensablement. Cette mobilité des embouchures n'est pas seulement propre aux grandes rivières à bouches multiples ; elle existe aussi quelquefois pour de petits cours d'eau qui n'ont qu'un seul débouché ; cela dépend des circonstances locales.

Il nous reste à montrer que les barres sont une cause d'insalubrité. En effet, les rivières, dont elles diminuent la pente, s'élèvent beaucoup à la moindre crue et débordent facilement dans le voisinage de la mer. Les eaux, une fois répandues à droite et à gauche, n'ont plus d'écoulement. D'un côté, elles sont emprisonnées par le cordon littoral ; de l'autre, elles ne peuvent revenir à la rivière, dont les bords sont plus élevés que les terres environnantes. Elles sont donc forcément stagnantes et donnent naissance à des marais, quelquefois très-vastes, qui, en se desséchant, plus ou moins, dans le courant de l'été, deviennent des foyers d'infection. L'observation prouve que ce fait se produit dans un grand nombre de lieux. Nous verrons bientôt que les marais les plus pernicieux de la Corse se trouvent près de l'embouchure des cours d'eau, et qu'ils sont alimentés par leurs débordements. On sait que la plupart des delta sont malsains : le plus souvent leur insalubrité n'a pas d'autre origine.

Modifications des côtes par le cordon littoral ; formation des étangs insalubres. — Les modifications que le cordon littoral apporte aux côtes sont nombreuses. Nous allons indiquer les principales, surtout celles qui donnent naissance aux étangs insalubres.

Supposons que *a b c d e f*, *fig.* 7, soit le contour d'un rivage et A une petite baie, dont l'entrée *b e* est peu profonde. Les galets et le sable que les vagues pousseront vers cette baie ne pénétreront pas dans son intérieur ; ils s'arrêteront à son entrée, à cause de la résistance qu'ils y rencontreront, absolument de la même manière que les matières de transport d'un cours d'eau torrentiel se déposent sur les points, où, par une cause quelconque, la vitesse du courant vient à se ralentir. La résistance devenant de plus en plus grande à mesure que la profondeur d'eau diminuera, il pourra arriver que l'entrée $b\,e$ soit complétement fermée par un bourrelet de sable, et en admettant qu'il existe un cordon littoral de a à b et un autre de e à f, il n'y aura plus entre eux de solution de continuité. La nappe d'eau A se trouvera alors complétement isolée. La plupart des étangs qui bordent la mer, et n'en sont séparés, sur une certaine longueur, que par une bande étroite de sable, n'ont pas d'autre origine.

La condition d'offrir peu de profondeur est nécessaire pour que l'entrée d'une baie soit susceptible d'être fermée par un cordon littoral. Si elle n'était qu'étroite, cela ne suffirait pas. Il existe des ports dont les ouvertures, quoique très-resserrées, sont restées à l'abri de l'ensablement jusqu'à nos jours, uniquement parce que la mer y est profonde. L'observation prouve, en effet, que, sous une grande hauteur d'eau, le sable n'est mis en mouvement qu'avec beaucoup de difficulté, et seulement quand il s'élève des tempêtes extraordinaires.

Nous avons supposé que le barrage bc, *fig.* 7, était un cordon littoral continu. Il n'en est pas toujours ainsi. On y remarque assez souvent un canal étroit, formé et entretenu par des causes locales. Lorsque l'étang reçoit des affluents susceptibles de le faire grossir, son niveau s'élève après les pluies, jusqu'à ce que l'eau ait pu se créer un passage à travers le sable. Ce passage, une fois ouvert, est entretenu par le courant qui va de l'étang à la mer. Lorsque dans la belle saison il n'y a plus de trop-plein, il s'établit souvent un courant en sens contraire, qui est déterminé, soit par l'évaporation, soit par l'impulsion des vents qui soufflent de la mer vers l'intérieur des terres. Ce mouvement alternatif des eaux a pour résultat d'empêcher que la communication ne se ferme. Cela arrive cependant quelquefois dans les gros temps, lorsque les vagues amènent beaucoup de sable; mais alors les causes qui avaient produit l'ouverture, tendent à la rétablir, et y parviennent au bout de quelque temps. Ce canal de communication est toujours étroit et peu profond relativement aux dimensions de l'étang. En y réfléchissant, on voit que c'est même une condition de son existence :

car, pour qu'il ne soit pas obstrué, il faut que l'eau, qui y coule dans un sens ou dans un autre, ait assez de vitesse pour entraîner le sable. L'embouchure de ce canal, du côté de la mer, présente toujours une barre analogue à celle que l'on observe à l'entrée des rivières.

Les étangs détachés de la mer, qui ont conservé avec elle une communication, sont ordinairement appelés *lagunes* (1). Ils ont une grande tendance à se combler ; en effet, d'un côté, les eaux courantes qu'ils reçoivent y déposent constamment des matières de transport, et, de l'autre, il arrive quelquefois que la mer, passant par-dessus le cordon littoral, y fait entrer beaucoup de sable. Une lagune ainsi comblée a donné naissance en Italie aux *marais Pontins*, qui vont joindre la mer à Terracine ; ils s'étendent du nord-ouest au sud-est sur une longueur de 42 kilomètres et une largeur environ deux fois moindre. Nous citerons en France les terrains plats et sablonneux, qui

---

(1) La dénomination de *lagune* n'est pas usitée sur les côtes méridionales de la France où il y a beaucoup de nappes d'eau stagnantes, la plupart insalubres. Ces nappes d'eau sont généralement désignées par le nom d'*étangs* : on appelle *grau* leur canal de communication avec la mer.

sont situés au sud-ouest de Quillebœuf, et dont
la surface est au moins de 5o kilomètres carrés.
Cet espace, occupé en grande partie par des
prairies marécageuses nommées *marais Ver-
nier* (1), a été évidemment autrefois un golfe
dont le contour est encore très-distinct, et qui
a été rempli soit par le sable qu'ont amené les
vents de l'ouest, soit surtout par le limon fin
que la Seine dépose à son embouchure.

Si le long d'une côte il y a, non pas une baie
unique, mais une série d'anfractuosités, plus
ou moins rapprochées, offrant toutes cette circonstance que la mer y est très-peu profonde,
l'ensemble des résistances qu'elles feront naître
déterminera, à une certaine distance, la formation d'un cordon littoral qui masquera les
découpures du bord, par un bourrelet sableux
régulier *m n o p*, *fig*. 8. Entre ce bourrelet et
l'ancien rivage, il y aura un espace de largeur
extrêmement variable, occupé par des nappes
d'eau stagnante et par des marais. Presque
toujours le cordon littoral formé dans cette
circonstance va d'une partie saillante de la côte

---

(1) Voyez la carte du Dépôt de la Guerre, feuille de Lisieux.

3.

à une autre, parce que ce sont ordinairement les caps qui limitent les résistances que le rivage oppose à l'approche des vagues. Quelquefois, au lieu d'un cap, c'est une île très-rapprochée de la terre qui sert de point d'attache. Les exemples de ces rectifications d'une côte ne sont pas rares en France, aussi bien sur les bords de la Méditerranée que sur ceux de l'Océan. Nous citerons particulièrement le littoral des anciennes provinces du Languedoc et du Roussillon, où la régularité d'un dépôt sableux moderne contraste fortement avec les sinuosités de l'ancien rivage (1).

Il arrive quelquefois qu'un littoral présente un golfe plus ou moins spacieux, *fig.* 9, devant lequel se trouvent plusieurs îles, ou seulement des bancs de sable alignés parallèlement à la terre et séparés entre eux par des bras de mer peu profonds. Les matières poussées par les vagues comblent alors peu à peu ces divers détroits par les raisons qui ont été indiquées en expliquant la *fig.* 7. Il en résulte une bande de terre continue ou presque continue, en partie

---

(1) Voyez la *fig.* 19 et la note C.

sablonneuse, qui isole une nappe d'eau de forme ordinairement allongée dont la profondeur peut être considérable. Ce cas s'est réalisé dans un grand nombre de lieux et notamment aux embouchures de l'Oder et de la Vistule dans la Baltique; il s'est également produit en Corse, ainsi qu'on le verra plus tard, mais sur une petite échelle.

Une autre modification non moins fréquente que les précédentes et qui s'explique de la même manière, est celle par laquelle une île voisine d'un continent lui est réunie par une chaussée de matières de transport et, par suite, changée en presqu'île, *fig.* 10. Cet atterrissement est quelquefois assez large pour renfermer dans son sein des dunes et des étangs. Le rocher calcaire sur lequel on a bâti l'hôpital de Saint-Mandrier, en face de Toulon, a été autrefois une île ; maintenant il est rattaché à la terre ferme par une étroite levée de sables nommée *les Sablettes.* De même parmi les îles d'Hyères, qui sont toutes de nature granitique, il en est une nommée la presqu'île de Giens, qui communique avec le continent par un dépôt d'alluvion d'origine moderne. Ce terrain ayant environ 2 kilomètres de large sur 4 de long.

est bordé, à droite et à gauche, par des cordons littoraux, entre lesquels se trouve le grand étang du Pesquier. On peut citer sur les bords de l'Océan le rocher de Gibraltar lié à la côte d'Espagne par une plage sableuse et la presqu'île de Quiberon, en Bretagne, formée d'un îlot granitique et d'une isthme de sable et de galets entassés par la mer. Les faits de cette nature sont très-nombreux.

Résumé des circonstances où il y a insalubrité. — Les détails dans lesquels nous sommes entré sur le cordon littoral et sur les modifications qu'il apporte aux rivages, vont nous permettre de préciser les cas où il est une cause d'insalubrité.

Lorsque le mauvais air règne sur une côte, cela tient ordinairement aux circonstances suivantes qui peuvent être séparées ou réunies :

1° Derrière le bourrelet de sable et de cailloux qui constitue le cordon littoral, il y a un vaste espace situé à peu près au même niveau que la mer ;

2° L'entrée d'une ou de plusieurs baies ayant été fermée par des bancs de sable, il en est résulté des étangs entièrement séparés de la mer ou n'ayant avec elle qu'une communication imparfaite.

Dans le premier cas, il est clair que l'espace situé derrière le cordon littoral est privé d'écoulement et, par suite, naturellement marécageux. Ce marais est le plus souvent alimenté par des débordements de rivières qui ont leur embouchure dans le voisinage, débordements que favorise, comme nous l'avons dit, l'existence de la barre. Quelquefois il n'y a pas de rivière; le sol reçoit seulement des eaux de source ou celles de petits cours d'eau susceptibles de grossir pendant la mauvaise saison et de tarir à l'époque des chaleurs. Cela suffit pour que des surfaces plus ou moins vastes soient alternativement submergées et desséchées, circonstance très-favorable, comme on le sait, à la production des exhalaisons pernicieuses. Dans le second cas, celui de la formation des étangs littoraux, il y a une cause d'insalubrité analogue à la précédente et souvent plus active. En effet, les amas d'eau qui ont fait partie de la mer et qui en sont aujourd'hui isolés par un cordon littoral, sont ordinairement très-salés, soit à cause de leur origine, soit parce que les grosses vagues y pénètrent pendant les tempêtes. Par suite de cette salure, ils sont très-propres à nourrir cette multitude d'animaux et de végétaux que l'on voit pulluler le long des côtes dans les lieux abrités. Lorsque le niveau de l'étang baisse en été par l'effet d'une forte évaporation et parce que les affluents tarissent, les parties du sol que la retraite des eaux met à découvert, restent imprégnées d'une grande quantité de ces corps organisés qui, en se décomposant, dégagent des miasmes beaucoup plus délétères que ceux des marais et des étangs ordinaires (1). Le mal est en général proportionnel à l'étendue des surfaces où la putréfaction a lieu. Un climat chaud est aussi une circonstance aggravante, probablement parce que, sous son influence, la décomposition des matières est plus prompte, et

---

(1) On a remarqué, mais sans chercher à l'expliquer, que les étangs d'eau douce devenaient plus infects lorsque la mer y pénétrait. Cela tient, suivant nous, à ce que les eaux douces des côtes, toujours légèrement saumâtres, ne sont pas, en général, très-propres à l'entretien de la vie. Il n'en est plus de même lorsque, par accident, elles deviennent franchement salées ; elles conviennent alors à un grand nombre d'animaux marins. Or l'insalubrité d'un étang, lorsqu'il se dessèche en partie, étant d'autant plus grande qu'il abandonne plus de matières organisées, on comprend l'influence funeste de l'eau salée dont le mélange a précisément pour effet d'augmenter la proportion de ces matières.

plus complète. C'est pour cette raison que le mauvais air est bien plus funeste en Corse et en Italie que dans l'ouest de la France et dans le nord de l'Europe.

Cas où les étangs littoraux ne sont pas insalubres. — Il y a deux cas importants à connaître où un étang littoral est sans danger pour la santé publique. Cela arrive, en premier lieu, lorsqu'il est limité presque de tous côtés par des berges escarpées, parce qu'alors il peut éprouver des variations de niveau, même considérables, sans que de grandes surfaces soient alternativement sous l'eau et à découvert. En second lieu, la cause de l'insalubrité est radicalement détruite toutes les fois qu'un étang communique avec la mer par un canal constamment libre et présentant une section large et profonde. Dans ce cas les variations de niveau produites par les pluies et par la chaleur deviennent insensibles, puisque le trop-plein résultant de l'abondance des eaux pluviales a un écoulement très-facile dans le sein de la mer et que, d'un autre côté, celle-ci peut rendre immédiatement à l'étang ce qui lui est enlevé par l'évaporation.

Marais et étangs insalubres de la Corse. — Il

résulte de ce qui a été dit plus haut que les foyers d'infection sur les bords de la mer sont de deux sortes : il y a d'abord les marais proprement dits qui se forment derrière un cordon littoral ; puis les étangs qui, à une certaine époque, ont fait partie de la mer et en ont été séparés par des bourrelets de sable. Ces deux sources d'insalubrité se rencontrent sur le littoral de la Corse.

Les marais proprement dits sont très-nombreux ; il y en a de plus ou moins étendus à l'embouchure de la plupart des cours d'eau. Nous allons citer les plus connus.

Le marais du Clos del Bodicione, quoique sa superficie ne soit que de 16 hectares environ, vicie l'air des environs de Campo di Loro, où sont les meilleures terres du canton d'Ajaccio. Ce marais reçoit les eaux d'une partie de la plaine et en verse le trop-plein dans le petit étang del Inferno où débouche aussi le torrent de Prunelli.

Les marais de Ventiligue, de Figari et d'autres lieux, sur les plages de la côte sud-ouest, nuisent beaucoup à la salubrité de cette partie de l'île et empêchent les habitants des villages de l'intérieur de venir s'établir dans la plaine.

Porto-Vecchio est entouré de toutes parts, excepté du côté de l'est, par des marais dont la superficie est évaluée à 255 hectares. Ils sont principalement alimentés par les débordements de deux cours d'eau nommés le Guardiana et le Lago Niello. Nous avons déjà dit qu'ils rendaient le pays inhabitable pendant l'été et une partie de l'automne.

A Saint-Florent, il y a des marais également très-nuisibles à la santé publique, qui n'ont pas moins de 57 hectares de superficie. On les observe près de l'embouchure de la rivière d'Aliso qui les inonde à l'époque des pluies. Ils reçoivent aussi les eaux de la mer dont les vagues, dans les gros temps, franchissent le cordon littoral.

Les marais de Calvi, situés entre la ville et l'embouchure de la Ficarella, occupent presque tout le fond du golfe. Ils sont inondés soit par la mer, soit par plusieurs ruisseaux dont les plus considérables sont le Stagno et la Pagliassa. Leur étendue est de 25 hectares.

Parmi les marais que nous venons d'énumérer, il en est plusieurs, tels que ceux de Porto-Vecchio, de Saint-Florent et de Calvi, que l'on a essayé de dessécher ; mais, pour des raisons qui seront exposées plus tard, le succès des travaux est loin d'avoir été complet.

Les étangs insalubres se trouvent principapalement le long de la côte orientale. Nous allons les décrire sommairement en allant du nord au sud.

L'étang de Biguglia, le plus étendu de tous, est placé entre Bastia et l'embouchure du Golo, à peu près à égale distance de l'un et de l'autre. Sa longueur est de 12,600 mètres en y comprenant le canal qui le termine à son extrémité nord; sa largeur maximum est de 3 kilomètres et sa plus grande profondeur de $3^m,50$; on peut évaluer sa superficie à 1,800 hectares. Ses affluents sont le Bevinco et quelques autres ruisseaux moins considérables, qui y transportent du limon et l'ont déjà en partie comblé. Il est séparé de la mer par une longue et étroite langue de terre qui paraît avoir été originairement une série de petits îlots (1). Un ou deux de ces îlots, isolés des autres, se voient encore dans l'intérieur de l'étang. La langue

______

(1) La formation de cet étang rentre par conséquent dans le cas de la *fig.* 9.

de terre dont nous venons de parler offre à son extrémité nord une coupure étroite et peu profonde par laquelle s'écoule le trop-plein des eaux. Cette communication avec la mer, quoiqu'elle soit à peu près permanente, n'offre pas une section suffisante pour empêcher que le niveau de l'étang n'éprouve des variations sensibles. Pendant l'été, une partie des terres riveraines, qui étaient cachées sous une faible hauteur d'eau, sont mises à découvert et donnent naissance à des émanations insalubres qui s'étendent au loin. Les villages de Furiani et de Biguglia, quoique situés à plusieurs kilomètres de distance, sur le flanc des montagnes qui s'élèvent à l'ouest, en subissent la fâcheuse influence. Le canal qui donne passage au trop-plein est quelquefois complétement obstrué pendant la mauvaise saison, lorsque les vents de l'est, soufflant avec violence, amènent beaucoup de sable. On s'empresse alors de rétablir la communication en la faisant aussi large que possible, afin d'éviter que les terres cultivées environnantes ne soient inondées.

Depuis l'embouchure du Golo jusqu'à celle de la Bravone, petit torrent qui se jette dans

la mer à 11 kilomètres nord du Tavignano, il
n'y a pas d'étangs insalubres d'une étendue
notable; mais, à partir de là, jusqu'à Solenzara,
sur une longueur d'environ 40 kilomètres, on
en compte huit ou neuf dont les émanations délétères sont cause que cette partie de la plaine reste
déserte. Les plus connus sont ceux de Diane,
d'Urbino et de la Saline. Ce dernier a été en effet
autrefois une saline et en a conservé le nom.

L'étang de Diane a une superficie de 570 hectares; sa profondeur, en général considérable,
peut atteindre jusqu'à 10 ou 11 mètres. D'après
la tradition, il a servi autrefois de port à la
ville d'Aléria, dont on voit les ruines tout près
de là. Cet étang a des bords escarpés, surtout
vers le sud; pour cette raison il est peu insalubre de ce côté. Ce n'est qu'à son extrémité
nord-ouest, où il a été en partie comblé par les
déjections de l'Arena et de quelques autres petits ruisseaux, qu'il dégénère en marais. En été,
sa surface s'abaisse notablement au-dessous de
celle de la mer, dont il est alors séparé par un
cordon littoral ayant de 1 mètre à 1^m,50
de hauteur et une longueur de 250 mètres
environ. Pendant l'hiver, cette barrière est surmontée en partie par le trop-plein qu'alimen-

tent les eaux affluentes. On ne sait pas, pour cet étang, ni pour aucun de ceux dont nous aurons encore à parler, entre quelles limites varie le niveau des eaux suivant les saisons. Nous pensons, d'après quelques renseignements, que cette variation atteint $1^m,50$ et même 2 mètres.

L'étang d'Urbino, plus étendu et plus insalubre que celui de Diane, ne communique également avec la mer que pendant la saison des pluies. Sa superficie est de 750 hectares. Il reçoit à l'ouest les eaux de quatre ou cinq ruisseaux dont les embouchures deviennent pendant l'été autant de marais infects. La langue de terre qui le sépare de la mer paraît formée, comme pour l'étang de Biguglia, de petits lambeaux de terrain quaternaire dont les intervalles ont été comblés par des dépôts sableux.

L'étang de la Saline, situé entre les deux précédents, passe pour être le plus pernicieux de la côte orientale. Son étendue atteint quelquefois 100 hectares et sa profondeur, sur beaucoup de points, est inférieure à 1 mètre. Tant que durent l'hiver et le printemps, il est alimenté principalement par l'eau de la mer, qui, sous l'impulsion des vents violents du sudest, franchit le cordon littoral dans sa partie la plus déprimée. Il nourrit alors beaucoup de poissons, de mollusques, de crustacés et d'autres animaux marins. Vers le milieu de l'été, lorsque arrivent les grandes chaleurs, les cinq sixièmes **au moins** de sa surface se dessèchent. Comme son fond est inégal, il se divise d'abord en petites flaques d'eau où les animaux peuvent se réfugier ; mais ce refuge n'est que momentané et les êtres organisés périssent en masse lorsque, par les progrès de l'évaporation, la plupart de ces mares partielles viennent à disparaître. La corruption est alors affreuse.

Le petit étang de Terrenzana, situé au nord de celui de Diane, lui est presque contigu. Sa superficie n'est que de 50 hectares. D'un côté il reçoit les eaux d'un ruisseau nommé Casellarina, et, de l'autre, il est séparé de la mer par un barrage sableux extrêmement étroit, qui lui sert de limite sur toute sa longueur.

Entre les étangs de la Saline et d'Urbino, il y a celui de Siglione dont les bords très-découpés sont marécageux. Son étendue est à peu près la même que celle de l'étang de Torrenzana. Il est alimenté par quelques affluents qui ne sont guère visibles que pendant la saison des pluies.

Plus au sud se trouvent les étangs de Graduggine et de Palo. Le premier, dont la superficie est de 40 hectares, reçoit l'Abatesco, rivière intarissable, dont les eaux sont ordinairement assez fortes pour franchir le cordon littoral. Le second, qu'alimentent plusieurs petits affluents, présente du côté du nord une largeur moyenne de 600 mètres sur 700 de longueur : il se prolonge ensuite vers le sud sous la forme d'un canal très-étroit qui n'a pas moins de 2.500 mètres d'étendue (1).

Depuis ce dernier étang jusqu'à la marine de Solenzara, il existe encore deux ou trois nappes d'eau stagnante, mais leurs dimensions sont très-peu considérables.

Les divers étangs, qui viennent d'être indiqués, ont en général leur fond placé beaucoup au-dessous du niveau de la mer ; ce qui prouve qu'autrefois ils en faisaient partie. Tous contribuent plus ou moins à l'infection de la plaine. Quelques-uns ont été l'objet d'études entreprises dans le but de les assainir ; on y a même

______

(1) En jetant les yeux sur la grande carte de la Corse, publiée par le Dépôt de la Guerre, on reconnaîtra facilement que l'origine de cet étang a été une modification des côtes, comme celle de la *fig.* 8.

fait quelques travaux, mais sans aucun résultat (1). Si la mortalité a diminué dans le pays depuis un certain nombre d'années, on doit l'attribuer à un plus grand usage des soins médicaux, aux progrès de l'hygiène et à l'extension des cultures. Quand à l'insalubrité des étangs voisins de la mer, elle est restée exactement ce qu'elle était il y a plusieurs siècles.

---

(1) D'après Robiquet, page 517 de son ouvrage, le gouvernement s'est occupé, dans le courant du dernier siècle, de l'assainissement de l'étang de Biguglia. Plusieurs canaux furent creusés à travers la langue de terre qui sépare cet étang de la mer ; on en ouvrit un autre qui partait de son extrémité sud-est et allait aboutir au Golo, à 800 mètres environ en amont de son embouchure. Ces canaux furent bientôt comblés, les premiers par le sable que les vents du sud-est y apportaient, le second par des dépôts dus à un défaut de pente. Depuis, il n'a été fait pour l'étang de Biguglia, et pour les autres, que des projets de travaux auxquels il n'a été donné aucune suite.

DEUXIÈME PARTIE.

MOYENS D'ASSAINISSEMENT.

Moyen d'assainissement fondé sur la communication avec la mer; ses avantages. — Ainsi qu'on l'a expliqué plus haut avec beaucoup de détails, les nappes d'eau stagnante de la Corse, comme en général celles de tous les pays, ne sont une source de miasmes fiévreux que parce que leur niveau éprouve des variations, plus ou moins étendues, dans le passage de l'hiver à l'été. S'il en est ainsi, il se présente à l'esprit un moyen simple et sûr d'assainir les marais et les étangs dans le cas où ils sont situés dans le voisinage de la mer : c'est de les faire communiquer avec celle-ci en perçant la langue de terre, le plus souvent très-étroite, qui les en sépare. Il n'est pas difficile de voir

en effet, en y réfléchissant, que par là le niveau
de leurs eaux sera rendu indépendant des saisons, et que par suite l'insalubrité disparaîtra.
Ce fait est trop important pour que nous nous
contentions de l'indiquer d'une manière aussi
sommaire. Nous allons essayer de le mettre
en évidence par un raisonnement rigoureux
et détaillé. Nous ferons d'abord observer que
le niveau de la mer oscille partout entre certaines limites. Sur les bords de l'Océan, il y a
la haute et la basse marée qui peuvent différer
entre elles de plusieurs mètres. Sur le littoral
de la Méditerranée et des autres mers intérieures, où la marée est presque nulle, la direction
des vents et leur degré de violence peuvent
faire varier la hauteur des eaux d'une manière
sensible. On doit donc distinguer dans chaque
lieu un maximum et un minimum pour cette
hauteur. Dans la fig. 11, la ligne M N indique
le niveau minimum d'une mer ; A B C est un
étang situé dans le voisinage, et C le point le
plus bas de son lit. On ne peut faire sur la
position de C relativement à M que deux hypothèses : le premier point sera ou au-dessus ou
au-dessous du second, en considérant comme
une limite supérieure de la dernière position,

le cas particulier où ils seraient exactement au même niveau.

En nous plaçant dans la première hypothèse, *fig.* 11, il est clair qu'un canal creusé suivant la ligne C M, aura une certaine pente et que s'il est suffisamment large, il pourra servir à dessécher complétement l'étang, au moins toutes les fois que la mer sera à son minimum de hauteur. Lorsque ce minimum sera dépassé, l'eau refluera dans le canal et pourra même atteindre le fond de l'étang ; mais ces invasions de la mer, qui seront périodiques avec les marées ou irrégulières suivant la violence et la direction des vents, n'auront jamais qu'une durée en général très-courte. Par conséquent les variations de niveau, qui en seront la conséquence, n'influeront pas d'une manière fâcheuse sur la santé publique. Pour que des terrains deviennent une source d'émanations pernicieuses, il faut qu'ils soient soumis à l'immersion pendant plusieurs mois consécutifs, de manière que la vie animale et végétale ait le temps de s'y développer ; puis que leur desséchement se fasse lentement, pendant les chaleurs, et qu'il se maintienne jusqu'à ce que les corps organisés, abandonnés sur le sol, aient subi une putréfaction complète.

Il est clair que les bords d'un étang que l'eau couvre et découvre à de courts intervalles, ne sont pas placés dans de pareilles conditions. L'expérience le prouve tous les jours. S'il en était autrement, les rivages de la mer seraient partout inhabitables. Ainsi, dans les cas que nous venons d'examiner, si l'on construit un canal de desséchement suivant la ligne C M, en lui donnant une section suffisante, il n'y aura plus d'insalubrité à craindre.

Considérons maintenant la seconde hypothèse, celle où le point C est au-dessous de M, ce qui rend le desséchement de l'étang impossible. Si, à partir de M, on mène une horizontale renfermée dans un plan vertical, passant par les points M et C, cette ligne ira rencontrer le lit de l'étang A B C en un certain point O, *fig.* 12, qui sera nécessairement supérieur à C (1). En admettant qu'un canal de communication soit ouvert suivant cette ligne O M, les eaux des deux bassins tendront sans cesse à se mettre de niveau. Du côté de l'étang, les variations de la hauteur des eaux seront de deux

---

(1) Il n'y aurait rien de changé à notre raisonnement, si les points C et M se trouvaient exactement au même niveau.

espèces : nous les distinguerons avec soin, parce qu'elles n'auront pas les mêmes lois ni surtout les mêmes conséquences relativement à la salubrité. Les variations de la première espèce seront liées étroitement à celles de la mer. Toutes les fois que celle-ci s'élèvera au-dessus de son niveau minimum M N ou qu'elle tendra à y revenir, l'étang éprouvera des oscillations correspondantes, qui seulement auront moins d'étendue et seront plus tardives à cause du temps nécessaire à l'établissement de l'équilibre. Elles seront périodiques ou irrégulières, et, en général, elles se succéderont plusieurs fois par jour ; par conséquent, pour les raisons exposées un peu plus haut, elles ne compromettront en rien la salubrité publique. Les variations de la seconde espèce sont celles qui auront pour cause directe et unique les changements annuels dans les circonstances météorologiques. Les eaux seront hautes pendant la saison des pluies, à l'époque de la crue des affluents ; elles seront basses en été, pendant les chaleurs et les sécheresses. Ces deux états opposés auront successivement une durée de plusieurs mois ; ils seront donc de nature à rendre les lieux insalubres. Mais par une construction convenable du canal

4.

O M, on aura le moyen de prévenir le mal. Pour cela, il suffira de donner à ce canal *une largeur* telle, que sous une *faible pression fixée d'avance*, il puisse faire écouler, de l'étang à la mer, le trop-plein correspondant à la saison des pluies ou, de la mer à l'étang, la quantité d'eau nécessaire pour compenser en été le déficit produit par l'évaporation, s'il y avait déficit. Comme la faible pression sous laquelle cet écoulement aura lieu sera mesurée par la différence de niveau, positive ou négative, qui existera entre l'étang et la surface de la mer, il est évident que, par le fait même, cette différence de niveau, de laquelle dépend l'insalubrité, aura été atténuée autant qu'on l'aura voulu.

Il nous reste à ajouter que les deux sortes de variations que nous venons de distinguer, quoique parfaitement indépendantes, se manifesteront simultanément. Elles se combineront ensemble en s'ajoutant ou en se retranchant, sans perdre d'ailleurs leurs caractères; en sorte que, les unes étant inoffensives de leur nature, si l'on est parvenu à rendre insensible l'influence nuisible des autres, tout danger pour la santé publique aura disparu.

En résumé, il résulte de la discussion précédente que, quelle que soit la position d'un étang relativement à la mer, on pourra toujours, en établissant de l'un à l'autre un canal de communication suffisamment large, faire disparaître l'insalubrité qu'occasionnent ordinairement les variations de niveau correspondantes aux saisons. Dans la pratique, il sera très-important de pouvoir calculer d'avance, au moins d'une manière approximative, la largeur qu'il conviendra de donner à ce canal. Nous résoudrons cette question un peu plus tard, en nous occupant du mode de construction à adopter.

Tout ce que nous venons de dire sur l'efficacité d'une communication avec la mer pour faire disparaître les miasmes des étangs, s'applique également aux marais; car ceux-ci ne sont à proprement parler que des étangs peu profonds, susceptibles de se dessécher complétement ou presque complétement en été. En général, les marais littoraux, lorsqu'ils présentent une certaine étendue, sont en partie au-dessus et en partie au-dessous de la surface de la mer. Il en résulte que si on les met en libre communication avec celle-ci, on créera dans leur sein une nappe d'eau stagnante à niveau indépendant des saisons et qui, pour cette raison, ne pourra donner lieu à des émanations dangereuses. Quant au terrain resté émergé tout autour, rien n'empêchera d'y creuser les canaux de desséchement jugés nécessaires, et de les faire déboucher dans la nappe d'eau qui servira à l'écoulement général. De cette manière, les causes de l'insalubrité auront disparu dans toute l'étendue du marais.

Le procédé d'assainissement, dont nous venons de faire connaître le principe fondamental, est recommandable sous beaucoup de rapports. Son succès est d'abord assuré et complet : ainsi qu'on l'a dit, si l'on supprime les variations annuelles du niveau des eaux ou, pour parler plus exactement, si on les enferme dans d'étroites limites, on coupe le mal à sa racine. Ses résultats sont très-prompts; on en jouit dès que les travaux sont achevés. Ses dépenses sont peu considérables, par la raison que les étangs et les marais voisins de la mer en sont ordinairement séparés par des bandes de terre très-étroites, composées de matières meubles, à travers lesquelles il est par conséquent peu coûteux d'ouvrir des canaux. Il se concilie parfaitement avec les progrès de l'agriculture; en effet, les étangs ayant été convertis en nappes d'eau à niveau à peu près constant, on pourra en isoler, près des rives, les parties les moins profondes, et les rendre cultivables par le colmatage, ou bien les utiliser comme marais roseliers d'un excellent rapport (1). Enfin ce moyen est susceptible d'une application très-générale : il convient également aux bords de l'Océan et à ceux des mers intérieures; il est indépendant de la forme des rivages, du nombre et du volume des affluents, de l'étendue et de la profondeur des eaux stagnantes; en un mot il est réalisable, quelles que soient les conditions physiques dans lesquelles on se trouve placé.

L'ensablement est un obstacle à vaincre. — La communication avec la mer offrant tous les avantages que nous venons d'énumérer pour assainir les étangs et les marais littoraux, il serait bien étonnant qu'un procédé aussi précieux n'eût pas été essayé. Il l'a été en effet dans plusieurs localités, et certainement son

---

(1) On trouvera des renseignements intéressants sur la culture des marais roseliers dans un ouvrage de M. le docteur Nourrit, ayant pour titre : *Des améliorations sanitaires et agricoles du littoral du département du Gard.* Nîmes, 1855. Voyez page 55 et suivantes.

succès n'aurait rien laissé à désirer, si partout on n'était venu se heurter contre une difficulté d'exécution qui est indépendante du principe, et cependant telle que jusqu'à présent on n'est pas parvenu à en triompher d'une manière satisfaisante. On a reconnu que lorsqu'on faisait aboutir un canal à la mer, son ouverture de ce côté était constamment ensablée. Cela était facile à prévoir. L'embouchure d'un canal pouvant être assimilée à l'entrée d'une petite baie à fond presque horizontal et ayant peu d'eau, toutes les conditions physiques favorables à la formation d'un cordon littoral s'y trouvent réunies. L'ensablement est d'autant plus prompt et plus complet que cette embouchure est plus étroite et moins profonde, parce que c'est alors que le dépôt des matières mises en mouvement par les vagues se fait le mieux (1). Le travail entrepris pour ouvrir une communication à travers un

---

(1) Il y a des cas où l'ensablement est peu sensible. Il en est ainsi en général lorsque les côtes sont baignées par une mer profonde. On verra dans la note B des exemples curieux de localités où les graux ou canaux de communication des étangs littoraux avec la mer se sont maintenus ouverts tant que la profondeur des eaux le long du rivage a subsisté, et qui se sont ensuite fermés lorsqu'elle a diminué par l'effet d'un exhaussement du sol.

rivage, dans le but d'assainir un étang, est donc, en général, toujours à recommencer. Il n'est pas étonnant que, en présence d'un pareil obstacle, on ait renoncé à ce procédé. Avant d'y songer, il est absolument nécessaire de résoudre le problème suivant : *Construire un canal de telle manière que son embouchure dans la mer ne soit pas obstruée par le sable.* Nous discuterons bientôt les divers procédés imaginés pour arriver à ce résultat, et nous en ferons connaître un nouveau, qui nous a paru être la meilleure solution de la question; mais avant nous développerons et nous prouverons une proposition importante, savoir qu'en dehors de la communication avec la mer, il n'existe pas de méthode sûre et générale pour assainir les étangs et les marais littoraux; en sorte que l'on se trouve placé dans l'alternative ou de réussir par le premier moyen, en surmontant les difficultés de son exécution, ou de se résigner à l'insalubrité des côtes et à ses déplorables conséquences. Nous croyons qu'il y a un grand intérêt à mettre cette vérité en évidence, parce qu'alors il n'y aura plus d'incertitude sur la voie dans laquelle on doit entrer.

En dehors de la communication avec la mer

il n'existe pas de procédé d'assainissement sûr et général. — Il nous sera d'abord facile de montrer que les règles générales, suivies pour les grands desséchements à l'intérieur des terres, sont inapplicables aux étangs et aux marais situés au niveau de la mer ou au dessous. Ces règles indiquées pour la première fois par l'illustre ingénieur de Prony (1), peuvent être résumées de la manière suivante :

1° Circonscrire l'espace qu'il s'agit de dessécher, par un ou plusieurs canaux de ceinture, afin de se débarrasser, *autant que possible*, des eaux qui y affluent de l'extérieur et qui sont toujours nuisibles au succès de l'opération ;

2° Tracer à l'intérieur de cet espace un système de canaux, les uns principaux, les autres secondaires, destinés à recevoir les eaux de pluie et de source et à les conduires *au dehors.*

La première partie de ce procédé que l'on doit considérer comme un moyen auxiliaire utile, est rarement susceptible d'être appliquée. En effet, tous les cours d'eau charient des ma-

____

(1) Voyez son grand ouvrage sur *les marais Pontins,* Paris, 1818, imprimerie royale. Il en a paru une analyse étendue dans les *Annales de chimic et de physique,* tome XI, année **1819.**

tières de transport en quantité plus ou moins grande. Si on les détourne pour les faire couler dans des canaux moins inclinés, il arrivera souvent que ceux-ci seront comblés. En outre, la diminution de la pente favorise les inondations, à moins que l'on ne donne aux sections des dimensions excessives. Cette objection est particulièrement applicable aux rivières de la côte orientale de la Corse, comme le Bevinco, le Golo, le Tavignano, l'Abatesco, etc., qui éprouvent chaque année des crues considérables. On ne pourrait changer leur cours sans s'exposer à des débordements fréquents. Les dépenses seraient d'ailleurs énormes.

Quant à la seconde partie du procédé, qui est la plus importante et qui constitue le desséchement proprement dit, elle est évidemment impraticable lorsqu'il s'agit de lieux placés au niveau de la mer ou au-dessous. En effet, ces lieux ne peuvent verser leurs eaux *au dehors;* or c'est là une condition indispensable (1).

---

(1) L'impossibilité d'appliquer les procédés ordinaires de desséchement aux étangs et aux marais situés au niveau de la mer, est peu connue du public. Pour cette raison, beaucoup de personnes s'étonnent et même s'indignent, mais bien à tort, de ce que l'administration persiste à n'apporter aucun remède à l'in-

Les canaux dits de desséchement étant impuissants pour assainir les étangs et les marais attenants à la mer, on a proposé, pour atteindre ce but, une autre méthode que l'on pourrait appeler *méthode par encaissement*. Nous allons expliquer en quoi elle consiste en nous aidant de la *fig.* 13. Dans cette figure, la ligne ponctuée *a b c d e* représente le périmètre d'un étang au moment où son niveau est descendu à son minimum de hauteur. Les lignes légèrement ondulées *m a*, *n b*, *o c*, *p e*, indiquent les axes des cours d'eau qui se jettent dans l'étang et qu'il n'a pas été possible de détourner. Imaginons que, sur tout le contour *a b c d e*, on construise une chaussée en terre fortement pilonnée et rendue pour cette raison imperméable; que cette chaussée soit assez élevée pour que, dans aucun cas, les eaux de l'étang ne puissent la surmonter et que, de plus, elle soit prolongée en remontant, à droite et à gauche de chacun des affluents, de manière à former un endiguement qui rende les débordements impos-

---

salubrité des côtes considérée par tout le monde comme un fléau, tandis que l'on a assaini avec beaucoup de succès d'autres lieux pour lesquels cette opération paraissait moins urgente.

sibles. Par suite de cette construction, l'étang et les cours d'eau qui s'y rendent se trouveront enfermés dans une espèce d'enceinte insubmersible A B C D E F G H I K L M. Cette enceinte n'empêchera pas que l'étang n'éprouve des variations de niveau qui pourront être considérables; mais comme les eaux seront contenues entre des chaussées à berges très-inclinées, il n'y aura plus, comme auparavant, de grandes surfaces alternativement émergées et immergées. La cause fondamentale de l'insalubrité aura par conséquent disparu.

Ce procédé qui a quelque chose de spécieux, étant examiné de près, donne lieu à de graves objections. Pour peu que l'étang ait un périmètre étendu et que ses affluents soient nombreux, le développement des chaussées destinées à les enceindre deviendra immense. Par conséquent leur construction, quelle que soit l'économie qu'on y apporte, entraînera des frais excessifs. En outre, et cette considération est décisive, le but que l'on se propose d'atteindre ne le sera que très-imparfaitement. En supprimant une cause d'insalubrité, on en fera naître une autre. Il est évident, en effet, que si les chaussées A BC, D E F, G H I, K L M, empêchent

l'étang et ses affluents de déborder, elles s'op-
poseront aussi à ce que les eaux extérieures,
dont l'endiguement est impossible, y aient leur
écoulement ; en sorte que, dans la saison des
pluies, lorsque les sources et les petits ruisseaux
surgissent de tous côtés, les espaces compris
entre les letres A et C, D et F, G et I, K et M,
seront occupés par des mares d'eau stagnante
qui, en se desséchant plus tard, reproduiront,
au moins en partie, les inconvénients que l'on
veut éviter. L'encaissement des étangs doit donc
être rejeté, comme étant un procédé très-coû-
teux et insuffisant.

Un autre moyen d'assainissement, en quelque sorte inverse du précédent, a été également proposé. Soit $a\,b\,c\,d$, *fig.* 14, le contour
d'un étang, dont les eaux sont supposées à leur
maximum de hauteur, et $a'b'c'd'$ le contour du
même étang, lorsqu'il ne dépasse pas son niveau minimum. Il y a entre ces deux péri-
mètres une certaine zone de terrain que les
eaux couvrent et découvrent alternativement.
On pourra éviter qu'il en soit ainsi en creu-
sant le sol dans cette zone intermédiaire, de
manière que partout il soit un peu au-dessous du contour $a'b'c'd'$. Il est clair en effet

qu'après ce creusement l'étang occupera tout l'espace compris dans le périmètre *a b c d*, sans que jamais aucune de ses parties puisse être mise à découvert. La cause de l'insalubrité aura donc disparu. On peut faire à ce procédé à peu près les mêmes objections qu'à la méthode par encaissement. Ici ce ne sont plus des remblais, mais des déblais, qui occasionneront des dépenses énormes toutes les fois que, d'un contour à l'autre, il y aura un espace étendu et une différence de niveau notable. En outre, lorsque ces déblais coûteux auront été opérés, le terrain excavé tendra à s'exhausser par l'accumulation des matières qu'apporteront les affluents de l'étang, en sorte que l'on aura en perspective des dépenses de dragage sans cesse renouvelées.

Il existe une troisième méthode qui n'a pas la prétention d'être générale, mais que l'on a présentée comme étant applicable avec succès aux marais littoraux, lorsqu'ils sont alimentés par des débordements de rivières, ce qui est un cas très-fréquent. Il est d'autant plus à propos que nous parlions de cette méthode, qu'elle a été essayée sur plusieurs points du littoral de la Corse. La *fig.* 15 en donne une idée exacte. La ligne $a\,b\,c\,d$, représente le contour d'un cordon littoral derrière lequel s'étendent des marais II et II'; $s\,o\,k$ est l'axe d'un cours d'eau et $r\,o$ celui d'un de ses affluents ; leurs eaux réunies débouchent dans la mer au point k, où il y a une barre. Pendant la saison des pluies, les rivières $s\,o\,k$ et $r\,o$ débordent et inondent les marais II et II'. Au retour du beau temps, les débordements cessent et la surface du sol des-séchée par l'évaporation devient une source d'exhalaisons insalubres. On a pensé que l'on remédierait à cet état de choses en construisant les digues $e\,b$, $f\,m\,n$ et $p\,q\,c$, auxquelles on a donné assez de hauteur pour qu'en tout temps les cours d'eau fussent isolés des terrains envi-ronnants. En outre, afin que l'écoulement fût plus assuré à l'époque des crues, l'endiguement a été prolongé dans le sein de la mer, de ma-nière à rendre la formation de la barre presque impossible à cause de la profondeur de l'eau.

Ce procédé, qui est conforme à la première partie des règles générales suivie pour les des-séchements, offre un grave inconvénient. Outre que les dépenses de l'endiguement sont consi-dérables, l'assainissement obtenu est imparfait, parce que les espaces II et II', compris entre les

digues et le cordon littoral, restent privés d'é-
coulement. Il est vrai qu'ils ne sont plus inondés par les rivières *s o k* et *r o*, mais ils sont
envahis, pendant la mauvaise saison, par l'eau
de la pluie qui tombe directement sur leur surface ; par celle de la mer qui franchit le cordon
littoral au moment des tempêtes ; enfin, par les
petits ruisseaux qui ne sont visibles que lorsqu'il pleut et qu'il est impossible de renfermer
entre des digues. Cette alimentation est suffisante pour que les marais ne soient pas sup-
primés. Il n'est donc pas étonnant que des travaux de cette nature, entrepris à Porto-Vecchio,
à Calvi et à Saint-Florent, n'aient pas amélioré
beaucoup la santé publique.

On a proposé de combler les étangs et les
marais insalubres en y transportant des remblais. Un pareil travail est évidemment impossible, à cause des dépenses, quand les espaces
à combler sont vastes et profonds. Lorsqu'ils
n'ont que de petites dimensions, l'opération
présente encore de grandes difficultés ; car il
ne suffirait pas de remplir le creux occupé par
l'étang ou par le marais en été ; il faudrait
aussi exhausser tout le bassin environnant,
afin d'y créer un écoulement en dehors de ses

limites. Autrement les eaux stagnantes seraient seulement déplacées et le remblai transporté s'élèverait au milieu d'elles en formant une île.

Au lieu d'employer un remblai apporté par la main des hommes, dont les frais seraient très-considérables, on a souvent recours au limon des rivières que l'on fait déposer dans le sein d'eaux dormantes ou animées d'une très-faible vitesse. Cette opération, que l'on nomme *colmatage*, a été pratiquée et se pratique encore tous les jours avec succès dans un grand nombre de lieux. On peut citer particulièrement les Maremmes de la Toscane, que l'on est parvenu à assainir et à fertiliser en partie, à l'aide des troubles de l'Ombrone, un des fleuves les plus considérables de cette région de l'Italie (1). Mais le colmatage est malheureusement un procédé essentiellement local; car il n'est praticable qu'à deux conditions qui sont loin d'exister partout. Il faut d'abord que la rivière dont on veut utiliser le limon, en charrie beaucoup et pendant longtemps ; ensuite, les eaux limo-

---

1 Voyez le *Rapport sur la bonification et l'assainissement des Maremmes de la Toscane*, par M. de Prony. *Comptes rendus de l'Académie des sciences*, tome V, page 743.

neuses doivent traverser les lieux qu'il s'agit de colmater ou pouvoir y être amenées par un canal de dérivation ayant une forte pente. Si la rivière est d'un petit volume et reste claire pendant une grande partie de l'année, l'opération marchera avec une telle lenteur que les frais l'emporteront sur les avantages; d'un autre côté, si un canal de dérivation est nécessaire et s'il est peu incliné, les dépôts se feront dans son sein et non à son issue, en sorte qu'il sera bientôt comblé. En ce qui concerne particulièrement les cours d'eau de la Corse, ils ne satisfont que très-imparfaitement aux deux conditions nécessaires pour l'exécution du colmatage; on ne peut donc compter sur eux pour l'assainissement du pays.

Nous venons de passer en revue les divers moyens, autres que celui d'une communication avec la mer, par lesquels on a proposé ou essayé de faire disparaître l'insalubrité des étangs et des marais littoraux. Nous avons vu que tous entraînaient des dépenses énormes sans que le succès de l'opération fût assuré, ou bien qu'ils ne réussissaient que dans des cas particuliers, lorsqu'on était placé dans un ensemble de conditions favorables, rares à rencontrer.

D'un autre côté, nous avons montré plus haut qu'en principe la communication avec la mer était un procédé susceptible d'être employé partout avec efficacité, qu'il était simple, peu coûteux, et qu'il offrait surtout l'immense avantage de réaliser un assainissement sûr et complet. Il n'y a donc pas à hésiter. On doit se tourner de ce côté, et si le procédé offre des difficultés d'exécution, c'est à les lever que doivent tendre tous les efforts. Ces difficultés se réduisent à une seule. Il faut empêcher que le canal ne soit obstrué par du sable à son embouchure. Deux moyens que nous allons discuter ont été proposés pour atteindre ce but.

Moyens proposés pour empêcher l'ensablement d'un canal; leurs inconvénients. — Le premier moyen est fondé sur ce fait que les agitations de la mer s'atténuent beaucoup au-dessous de sa surface et qu'à une certaine profondeur elles sont complétement nulles. Si donc, après avoir ouvert un canal à travers un cordon littoral, on le prolonge, à l'aide d'une double jetée, jusqu'à ce que la hauteur de l'eau au-dessus du fond soit telle que le sable y reste constamment immobile, il est clair qu'il n'y aura plus d'ensablement à craindre. Cette solution est en effet excellente, pourvu que l'on fasse abstraction des dépenses. Or tout le monde sait que dans une entreprise de travaux publics, quelque grande que soit leur utilité, une pareille abstraction n'est jamais permise. Nous dirons bientôt que l'on ne sait pas au juste à quelle profondeur les agitations de la surface cessent d'être sensibles. On croit assez communément, mais sans preuves, que c'est aux environs de 8 mètres. Supposons cette évaluation exacte. Il arrive fort souvent qu'une plage, en se continuant sous les eaux, conserve jusqu'à la distance de plus d'un kilomètre une inclinaison moyenne très-faible, celle par exemple de 1 à 2 centimètres par mètre (1). Dans ce cas, un canal débouchant sur un rivage devrait être prolongé en mer sur une longueur de 400 à 800 mètres, pour être à l'abri de l'ensablement. On prévoit que, s'il en était ainsi, il y aurait des frais de construction très-considérables et que si l'on doit les sup-

---

(1) C'est le cas du lit de la mer en face des étangs de la côte orientale de la Corse. D'après les travaux hydrographiques de M. de Hell, exécutés de 1820 à 1824, l'inclinaison moyenne de ce lit est tout au plus de $0^m,01$; il paraît être légèrement ondulé.

porter sur plusieurs points, afin d'assainir une côte sur toute sa longueur, les avantages à réaliser ne seraient plus en rapport avec les charges.

La supposition qu'avec une hauteur d'eau de 8 mètres l'ensablement devient impossible, n'est pas, à beaucoup près, hors de contestation. Plusieurs faits semblent même indiquer qu'elle est inadmissible. M. Siau a reconnu, à l'aide de sondages très-ingénieux, que dans une baie de l'île Bourbon, le mouvement des ondes se propageait jusqu'à la profondeur de 188 mètres (1). M. Aimé a constaté de son côté, à l'aide d'appareils de son invention, que dans la rade d'Alger l'agitation de la mer, par les gros temps ordinaires, ne s'arrêtait qu'a 40 mètres au-dessous de la surface et que cette limite était probablement dépassée dans les tempêtes (2). Il est donc vraisemblable que malgré une profondeur d'eau de 8 mètres, sous l'impulsion de certains vents violents et continus, du sable pourrait s'introduire dans un canal maritime. Or une fois qu'il y aurait été in-

---

(1) *Comptes rendus des séances de l'Académie des sciences,* tome XII, page 770.

(2) *Annales de chimie et de physique,* 3ᵉ série, tome V, page 417.

troduit, il y serait en quelque sorte emmaga-
siné, et à la longue, par la répétition des
mêmes causes, la quantité des matières entassées pourrait devenir suffisante pour produire
une obstruction à peu près complète. Ainsi,
non-seulement la construction d'un canal dans
ces conditions serait très-coûteuse, mais il n'y
aurait aucune certitude qu'au bout d'un temps,
qui peut-être ne serait pas très-long, on ne
fût obligé à de nouvelles dépenses (1).

---

(1) Lorsqu'on prolonge un canal en mer, indépendamment
du sable dont l'introduction est à craindre par l'embouchure, on
doit tenir compte aussi de celui qui pourra y être transporté latéralement par les vagues, lorsque celles-ci seront assez fortes
pour surmonter les jetées. Afin de s'en garantir sûrement, il
sera nécessaire de donner à ces jetées une hauteur telle qu'elles
soient à peu près insubmersibles, même au moment des plus
grandes tempêtes. Il y aura donc des dépenses de construction
très-considérables, et, en général, elles ne seront acceptables que
lorsqu'il s'agira d'intérêts immenses comme ceux, par exemple,
qui sont attachés au percement de l'isthme de Suez. On sait
que l'on aura recours au procédé des jetées insubmersibles pour
prévenir l'ensablement du canal de percement, à son débouché
dans la Méditerranée. M. de Lesseps, qui n'évalue qu'à 7 ou 8
mètres la profondeur de l'eau au-dessous de laquelle on trouve
la *vase éternelle* (voyez *l'Égypte contemporaine*, par **M. Mer-
ruau**, page 357), a proposé, dans le cas où cette hypothèse serait
démentie par l'observation, de prolonger le canal dans le sein
de la mer, à mesure que l'on en reconnaîtrait la nécessité. Nous
croyons que cet expédient, admissible lorsqu'il s'agit d'ouvrir
une nouvelle route au commerce de l'Inde et de la Chine, serait
trop coûteux pour un simple canal d'assainissement.

Le second procédé pour éviter l'ensablement a été proposé et même expérimenté par M. Regy, ingénieur en chef des ponts et chaussées (1). Il consiste à établir dans l'intérieur du canal et près de son extrémité, du côté de la mer, un barrage mobile que l'on peut placer et déplacer sans difficulté, ce qui donne le moyen de permettre ou d'interdire à volonté la circulation de l'eau. Le canal est exceptionnellement fermé pendant les coups de mer et les gros temps, alors que l'ensablement est à craindre. Il reste ouvert toutes les fois que le temps est calme; ce qui arrive surtout pendant la saison des chaleurs, qui est l'époque où la communication de la mer avec les étangs est le plus utile pour la santé publique. Ce procédé a été essayé en 1862 sur le grau de Pérols, département de l'Hérault. Les principaux résultats de l'expérience ont été les suivants. Le canal a été fermé pendant cent quatre jours mauvais et ouvert par conséquent le reste de l'année. On a constaté qu'une quantité assez considérable de

---

(1) Voyez son *Mémoire sur l'amélioration du littoral de la Méditerranée dans le département de l'Hérault*, inséré dans les *Annales des ponts et chaussées*, 1863, tome V, page 209. Ce travail offre beaucoup d'intérêt.

sable s'était accumulée à plusieurs reprises au delà du barrage mobile, c'est-à-dire entre ce barrage et la mer, et quelquefois aussi en deçà ou du côté des étangs, mais que ce sable pouvait être enlevé très-facilement à l'aide de dragages peu dispendieux ou par de simples chasses; qu'une profondeur d'eau de 1 mètre, $1^m,50$ et même 2 mètres, avait été conservée dans la partie du canal voisine du barrage, ce qui était suffisant pour qu'un volume d'eau considérable parvînt dans les étangs à l'époque des chaleurs; qu'en somme l'emploi du barrage mobile était avantageux puisque, par son secours et à l'aide de très-faibles dragages, on était parvenu à maintenir intacte l'ouverture du grau.

Nous croyons que si le barrage mobile de Pérols avait pu être placé, non pas à une certaine distance de l'embouchure du canal, mais à cette embouchure même, jamais des matières n'auraient pu s'accumuler à l'extérieur, parce qu'elles auraient été rejetées dans le sein de la mer et dispersées au loin par le ressac. Quant à l'introduction d'une certaine quantité de sable dans l'intérieur même du canal, entre le barrage et les étangs, elle nous paraît inévitable

dans le système des ouvertures et des ferme-
tures alternatives. Pour qu'il en fût autrement,
il faudrait exercer sur l'état de la mer une
surveillance tellement attentive, qu'on ne man-
quât jamais de fermer le canal dès que les
vagues deviendraient assez fortes pour mettre
du sable en mouvement. Or nous croyons que
cela est extrêmement difficile ou plutôt impossible. Il ne faut pas croire en effet que, lorsque
la profondeur de l'eau est faible, égale par
exemple $0^m,80$ ou 1 mètre, une grande agitation
soit nécessaire pour soulever du sable. Nous
avons constaté nous-même que cela pouvait
avoir lieu sous l'influence de vents peu violents,
tels qu'il s'en élève fréquemment en été. Souvent aussi le temps change pendant la nuit et,
s'il devenait mauvais, quelques heures suffi-
raient pour que l'ensablement fît de grands
progrès. On doit donc admettre que, malgré
une surveillance d'autant plus coûteuse qu'elle
serait plus active et plus continue, l'établissement d'un barrage mobile n'empêcherait pas
que, chaque année, il ne s'introduisît une certaine quantité de sable dans un canal et qu'au
bout d'un temps plus ou moins long celui-ci
ne fût comblé, à moins que dans l'intervalle

on n'eût recours à des dragages. Mais l'emploi des dragages est précisément ce que l'on veut éviter, et un procédé qui les admet, quelque ingénieux qu'il soit, ne peut pas être considéré comme une solution complète de la question.

Le système d'une communication intermittente offre un autre inconvénient que nous devons signaler. Il n'est pas rare qu'en hiver et même au printemps la mer soit mauvaise pendant plusieurs semaines consécutives; il faudrait donc qu'un grau restât fermé pendant toute cette durée de temps. Il en résulterait souvent qu'un étang ne pouvant plus avoir l'écoulement de son trop-plein, déborderait et que ses eaux séjourneraient sur les terres riveraines au grand détriment de l'agriculture. Cela arrive en Corse pour l'étang de Biguglia, dont le canal de communication avec la mer est quelquefois ensablé à la suite d'un coup de vent. Dans ce cas les propriétaires riverains se hâtent, ainsi que nous l'avons dit précédemment, de rétablir l'ouverture afin d'éviter les inondations.

Il nous reste à ajouter que la manœuvre d'un barrage qu'il faut placer ou déplacer sans retard exige, pour être faite en temps utile, la présence constante sur les lieux d'un gardecantonnier et de plusieurs aides et que c'est là une source de dépenses considérables. Il y a même des cas où ces dépenses deviendraient intolérables. On verra plus tard que pour assainir un étang dont les affluents sont considérables en hiver, il est nécessaire de donner au canal de communication une grande largeur, qui pourrait être par exemple de 5o mètres. Pour établir des barrages mobiles sur toute cette étendue, il faudrait la subdiviser en pertuis de 2^m5o au plus. On aurait donc *vingt* barrages à enlever ou à remettre, toutes les fois que le temps changerait. Cela paraît peu praticable.

Autre moyen de résoudre la question. — Nous voici arrivé à la partie la plus importante de notre travail. Nous allons faire connaître le procédé que nous jugeons le meilleur pour résoudre la question. Afin de l'expliquer plus clairement, nous nous servirons des *fig.* 16, 17 et 18. La *fig.* 16 est le plan d'un canal T U R S destiné à faire communiquer un étang insalubre avec la mer. Il s'avance dans le sein de celle-ci, supposée à son minimum de hauteur, assez loin seulement pour que l'on ait à l'embouchure une profondeur d'eau médiocre, égale par exemple à 1 mètre (1). Le prolongement en mer de ce canal, indiqué par les lignes XX', YY', offre un élargissement de section considérable, où se trouvent plusieurs massifs de maçonnerie A, A, A....., entre lesquels il y a des vides formant autant de pertuis. Ces divers massifs sont assez élevés pour que dans aucun cas les vagues ne puissent facilement les surmonter. Par construction, la somme des vides qu'ils laissent entre eux est égale à la largeur du canal, en sorte que la tranche d'eau, en mouvement dans celui-ci, conserve en passant par les vides la même épaisseur et la même vitesse. Chacun des pertuis est fermé en partie par deux barrages *ab* et *cd*, entre lesquels il y a un certain intervalle O. La *fig*. 17 (2) est une coupe du plan précédent suivant la ligne xy. On y voit que le barrage d'aval, ou le plus rapproché de la mer, part du sommet p du massif de maçonnerie A et qu'il est interrompu au point q,

---

(1) Nous ne supposons une profondeur d'eau médiocre qu'afin de montrer que notre système est applicable au cas où l'inclinaison du lit de la mer serait très-faible. On verra plus tard que les travaux pour prévenir l'ensablement seront d'autant plus sûrs et moins dispendieux que la mer sera plus profonde.

(2) L'échelle de cette figure est quintuple de celle de la *fig* 16.

en laissant entre ce point et le fond de la mer
une petite distance $q\,r$. Le barrage d'amont commence au contraire au fond de la mer et s'élève
jusqu'à une certaine hauteur $n\,m$, inférieure au
niveau minimum des eaux. Il résulte de cette
disposition que l'espace intermédiaire O communique à la fois avec le canal et avec la mer,
en offrant un passage en forme de siphon renversé. On a supposé dans la figure que le niveau des eaux du canal était exactement le
même que celui de la mer marqué par la ligne
$i\,k$. Afin de ne pas compliquer le dessin, on a
omis d'indiquer dans l'espace O un brise-courant
destiné à empêcher que l'eau n'éprouve dans
ce passage des oscillations brusques et rapides.
La raison pour laquelle il est utile de prévenir
ces oscillations sera expliquée un peu plus bas.
Il nous reste à ajouter que les barrages $p\,q$ et
$m\,n$ pourraient être établis d'une manière simple
et économique par le moyen de poutrelles d'une
force suffisante, encastrées dans les massifs de
maçonnerie A, A, A..... En reliant entre eux les
deux barrages par des pièces de bois transversales placées dans l'espace O, on les rendrait
solidaires et capables de résister à l'effort des
plus grosses vagues.

La *fig.* 18 indique en coupe une autre disposition des barrages, que nous croyons également propre à atteindre le but que nous nous proposons (1). Ici le barrage d'aval pq s'étend du sommet de la maçonnerie A jusqu'à la base, sauf qu'il présente une ouverture rectangulaire uv, ayant une hauteur peu considérable et une largeur égale à celle du pertuis. Cette ouverture est placée un peu au-dessous de la ligne ik, qui est supposée, dans ce cas, représenter le niveau minimum de la mer (2). Le barrage d'amont mn part également du sommet du massif de maçonnerie et s'arrête à une certaine distance ns du fond de la mer. Cette distance ns est au moins égale à uv. Deux brise-courants sont placés entre les deux barrages, aux points o et o', l'un un peu au-dessus et l'autre un peu au-dessous de l'ouverture uv.

On voit au premier coup d'œil qu'un canal terminé par le système de barrages que représentent les *fig.* 16 et 17, ou bien les *fig.* 16 et

---

(1) Il nous a paru difficile de décider *à priori* laquelle des deux combinaisons représentées par les *fig.* 17 et 18, était la meilleure. Ce sera à l'expérience à prononcer.

(2) On dira plus tard comment la distance du point *r* à la ligne ik doit être calculée.

18, est complétement fermé à la navigation, mais qu'il est très-propre à maintenir une égalité de niveau entre la mer et un étang situé dans le voisinage. Il est évident en effet que si, par la variation des circonstances météorologiques, les eaux de l'étang, et par suite celles du canal, viennent à dépasser la ligne ik ou à s'abaisser au-dessous de cette ligne, l'équilibre hydrostatique sera rompu par un excès de pression venant de l'intérieur ou de l'extérieur. Dans le premier cas, le siphon renversé sera parcouru par un courant descendant, allant du canal à la mer, et, dans le second, par un courant de sens contraire. Il est clair aussi que ce courant, qu'il soit descendant ou ascendant, tendra à rétablir l'égalité de niveau.

Pour qu'un pareil système de communication puisse être appliqué avec succès à l'assainissement d'un étang ou d'un marais, en y rendant le niveau des eaux indépendant des saisons, deux conditions sont nécessaires. Il faut d'abord que l'appareil soit à l'abri de l'ensablement pendant un temps indéfini ; puis la section des ouvertures doit être suffisante pour que, sous une pression n'excédant pas *une certaine limite,* tout le trop-plein de l'étang, à l'époque des pluies, s'écoule à la mer, ou que le déficit résultant de l'évaporation, pendant les chaleurs, soit compensé par un courant allant de la mer à l'étang.

A la seule inspection de la *fig.* 17, on voit que l'appareil dont cette figure donne la coupe satisfait à la première condition. Pour qu'il en fût autrement, il faudrait que le passage $q\,r$, ménagé au-dessous du barrage d'aval $p\,q$, fût obstrué par du sable accumulé au delà ou en deçà ; or ni l'un ni l'autre de ces deux cas ne peut se réaliser. D'abord il n'est pas possible que du sable se dépose au delà de l'ouverture $q\,r$, c'est-à-dire à la base du barrage d'aval, parce que la mer, en venant se briser contre la face verticale de ce barrage, donnera lieu à un ressac, qui dispersera au loin les matières de transport amenées par les vagues. Non-seulement il n'y aura pas de dépôt, mais il y aura tendance à l'affouillement, en sorte que l'on sera obligé de protéger les fondations de l'ouvrage par un radier G, *fig.* 17 et 18. Il est également inadmissible que l'ouverture $q\,r$ soit obstruée par un dépôt qui se formerait en deçà ou dans l'intérieur de l'espace O ; car en supposant, ce qui

est douteux (1), que du sable s'accumulât dans
cet espace, il présenterait bientôt un talus *r z*
dont l'inclinaison ne pourrait dépasser celle
que prendrait naturellement un cordon littoral
dans le même lieu (25 à 30° au plus). Une fois
que cette limite aurait été atteinte, toute par-
celle de matière qui s'introduirait entre les
deux barrages, en serait rejetée par l'action de
la pesanteur et des courants descendants. Il
serait à craindre que des oscillations brusques
et rapides n'eussent lieu, en temps d'orage,
dans l'espace O et que, par suite, des matières
entraînées verticalement ne parvinssent à franchir le barrage d'amont; mais ce danger a été
prévu et rendu nul par l'établissement d'un
brise-courant (2) placé un peu au-dessus de

---

(1) Cela est douteux à cause de la résistance que les vagues
et les matières éprouveront à l'entrée de l'ouverture *q r.*

(2) On pourrait former ce brise-courant avec des grillages en
bois placés les uns au dessus des autres, à une petite distance,
et disposés de manière que les pleins fussent en regard des
vides.

Au lieu de grillages, il serait peut-être plus avantageux
d'employer un clapet automobile, qui fermerait complétement
ou presque complétement le passage O, lorsque le courant
venant de la mer aurait un mouvement ascensionnel trop
rapide.

Enfin, au lieu de placer le clapet automobile en O, on pour-
rait l'adapter à l'ouverture *q r. fig.* **17,** ou *u r. fig.* **18,** en le dis-

l'orifice $q\,r$; en effet, on sera toujours maître de rendre par ce moyen les frottements tels, que l'étendue des oscillations soit, dans les gros temps, inférieure à la hauteur $m\,n$. On ne voit pas alors comment un seul grain de sable parviendrait de la mer dans l'intérieur du canal. Le second appareil, représenté par la *fig.* 18, paraît être également à l'abri de l'ensablement. Aucune ouverture n'existant à la base du barrage d'aval, il n'y a que des matières en suspension, par conséquent extrêmement ténues et en petite quantité, qui pourraient s'introduire dans le canal en passant par l'orifice $u\,v$; mais cette introduction sera nulle ou tout à fait insignifiante, si, comme nous l'avons dit, on a eu soin de placer deux brise-courants, l'un au-dessus de cet orifice et l'autre au-dessous; car l'eau comprise entre ces deux obstacles résistera à l'introduction des vagues, presqu'à la manière d'un corps solide. Les appareils des *fig.* 17 et 18

---

posant de manière à permettre le passage de l'eau de la mer, toutes les fois qu'elle serait animée d'une faible vitesse, et à s'y opposer, lorsque cette vitesse serait assez grande pour entraîner du sable. Dans ce cas, on pourrait même supprimer le barrage d'amont $m\,n$, ce qui simplifierait beaucoup la construction. Nous ne doutons pas qu'en variant les expériences, on ne parvienne à une combinaison satisfaisante.

satisfont donc à la première des deux conditions énoncées ci-dessus.

Quant à la seconde condition, celle d'un débit suffisant sous une pression donnée, nous ferons observer que la section des ouvertures ménagées à travers les barrages, aura deux dimensions : l'une sera la hauteur qr, *fig.* 17, ou uv, *fig.* 18, supposée la même dans tous les pertuis; l'autre sera égale à la somme des largeurs de ces pertuis ou, ce qui revient au même, égale à la largeur totale du canal. La première dimension sera nécessairement très-limitée, puisque, par hypothèse, la profondeur de l'eau est peu considérable. La seconde, au contraire, pourra être aussi grande qu'on le voudra, car elle dépendra de la largeur du canal qui est arbitraire. Le débit.étant proportionnel à la section, on pourra donc toujours faire en sorte que les appareils satisfassent à la seconde condition.

Il ne suffit pas d'avoir la certitude théorique que rien n'empêchera de donner aux ouvertures une section assez grande pour que les variations du niveau des eaux, dues aux circonstances météorologiques, soient toujours comprises entre certaines limites; il faut encore que, ces limites étant données, on puisse calculer d'avance la section correspondante. Autrement on marcherait au hasard dans la construction du canal et des appareils. Ce calcul se fera de la manière suivante.

Calcul de la largeur d'un canal dans le système proposé. — On évaluera aussi exactement que possible le volume total de l'eau amenée pendant l'unité de temps, par l'ensemble des affluents lors de la saison des pluies, ces affluents étant supposés avoir atteint le maximum ordinaire de leurs crues. De ce volume d'eau reçu par l'étang, on retranchera celui qui lui est enlevé par l'évaporation et par d'autres causes, s'il en existe. La différence que nous appellerons Q sera égale au trop-plein à l'époque indiquée. On fera un calcul exactement semblable pour le temps des grandes chaleurs, lorsque les affluents sont à leur minimum de volume. On aura une autre différence Q' qui pourra être positive ou négative. Elle sera posive si, pendant les chaleurs, les affluents sont encore assez considérables pour l'emporter sur l'évaporation et les autres causes qui tendent à faire baisser le niveau de l'étang ; elle sera négative si c'est le contraire. Dans ce dernier cas, Q' ne représentera plus un trop-plein. mais un déficit que la mer tendra à combler en arrivant par le canal. Appelons H la hauteur moyenne de l'étang au-dessus du niveau de la mer, lorsque le trop-plein est égal à Q, et H' la même hauteur correspondante à Q'. H' sera positif ou négatif suivant que Q' exprimera un trop-plein ou un déficit (1). Si Q' est un trop plein, la variation totale du niveau de l'étang, dans le passage de la saison des pluies à celle des chaleurs, aura pour expression H—H'. Si Q' est un déficit, elle sera égale à H+H'. Il faut que l'étendue de cette variation ne soit pas trop forte, puisque c'est dans ce cas qu'ont lieu les émanations fiévreuses. Pour la réduire convenablement, on examinera les bords de l'étang et leur degré d'inclinaison;

----

(1) Q', lorsqu'il exprime un déficit, est toujours une quantité très-petite, à moins que la superficie de l'étang ne soit très-considérable. On peut évaluer à 11^{mm},15 au plus, l'épaisseur de la couche d'eau que l'évaporation enlève moyennement par jour, dans le midi de la France, pendant les mois les plus chauds de l'année, savoir en juin, juillet et août; ce qui fait 0^{mm},000128 par seconde, ou 1^{lit},28 par seconde et par hectare. Ce résultat est un maximum parce qu'il y a toujours quelques jours de pluie qui compensent en partie la perte par l'évaporation. On pourra consulter sur ce sujet le tableau inséré dans le *Cours d'agriculture* de M. de Gasparin, tome II, page 516.

on mesurera la surface des terres submergées ou mises à découvert, lorsque l'eau s'élève ou s'abaisse d'une quantité donnée, et en s'aidant de l'expérience, on déterminera le maximum des variations au delà duquel l'insalubrité serait à craindre. Soit D la distance d'un niveau à l'autre, correspondante à ce maximum. Le problème à résoudre est de trouver, pour les ouvertures de l'embouchure du canal, une section totale S qui satisfasse à la condition $H - H' = D$ dans la premier des cas que nous avons distingués, et $H + H' = D$ dans le second.

La relation qui lie les données Q, Q', D, à la valeur cherchée de S, est exprimée par une équation qu'il nous reste à indiquer. Admettons que l'un des volumes d'eau désignés par Q et par Q' arrive d'une manière continue dans le canal, l'égalité de niveau supposée dans les *fig.* 17 et 18, en amont et en aval des barrages, ne subsistera plus. Cette égalité aura fait place à une inégalité que nous appellerons h ou h', suivant qu'elle correspondra à Q ou à Q'. L'équilibre hydrostatique étant rompu, il y aura un écoulement des eaux du canal dans la mer ou même quelquefois de la mer dans le canal, lorsque Q' exprimera un déficit. Il est aisé de

6.

voir, à l'inspection des figures, que cet écoulement rentrera dans un cas bien connu des hydrauliciens, celui où un premier bassin se **verse** dans un second par un orifice recouvert par l'eau. La formule générale, dans le cas dont il s'agit, est :

$$E = mO\sqrt{2gK}.$$

E désigne la dépense, O la surface de l'orifice placé sous l'eau, K la différence de niveau des deux réservoirs, g l'intensité de la pesanteur ayant pour expression 9,8088, m un certain coefficient que l'expérience a prouvé être égal à 0,625.

Puisque cette équation est applicable au cas particulier du canal et de la mer, on pourra remplacer E, O et K par les quantités correspondantes Q, S et h ; ce qui donnera :

$$(a) \ldots. \ Q = mS\sqrt{2gh}.$$

On aura également :

$$(b) \ldots.. \ Q' = mS\sqrt{2gh'}.$$

Quoique h et h', qui correspondent à Q et Q' et expriment des différences de niveau entre la mer et le canal à son embouchure, ne soient pas exactement les mêmes que H et H', qui se rapportent, dans les mêmes circonstances, à la mer et à l'étang, cependant leurs valeurs respectives seront assez rapprochées pour que l'on ait sans erreur notable :

$$(c) \ldots\ldots h - h' = D \quad \text{ou} \quad (d) \ldots\ldots h + h' = D,$$

suivant le signe de h'.

Dans l'hypothèse où Q' exprime un trop-plein, les trois équations (a), (b), (c), subsistent simultanément. Elles renferment trois inconnues h, h' et S, dont les deux premières peuvent être éliminées sans difficulté. En effectuant les calculs, on obtient pour la valeur de S :

$$(e) \ldots\ldots S = \frac{\sqrt{Q^2 - Q'^2}}{m\sqrt{2gD}}.$$

Si Q' était un déficit, c'est l'équation (d) qu'il faudrait considérer avec (a) et (b). On aurait alors :

$$(f) \ldots\ldots S = \frac{\sqrt{Q^2 + Q'^2}}{m\sqrt{2gD}}.$$

S offre, comme on l'a dit plus haut, deux dimensions : 1° une hauteur que l'on pourra fixer arbitrairement entre certaines limites, et que nous représenterons par e; 2° une largeur l, qui est égale à la somme des largeurs de tous les pertuis, ou égale à la largeur du canal lui-même, ainsi qu'on l'a supposé par construction. On aura donc :

$$S = el.$$

En substituant cette expression dans les équations (e) et (f), on obtient :

$$(g) \ldots\ldots l = \frac{\sqrt{Q^2 - Q'^2}}{me\sqrt{2gD}} \quad \text{et} \ (h) \ldots\ldots l = \frac{\sqrt{Q^2 + Q'^2}}{me\sqrt{2gD}}.$$

Ces dernières équations donnent la largeur l du canal. C'est l'inconnue qu'il s'agissait de déterminer.

La valeur de l, tirée des équations (g) et (h), n'est qu'approchée, puisqu'on a obtenu ces équations en supposant $h - h' = H - H'$ ou bien $h + h' = H + H'$; ce qui n'est pas rigoureusement exact. Il importe de pouvoir calculer l'erreur commise. On y parviendra à l'aide d'autres formules que nous allons faire connaître.

Soit V en général la variation du niveau du canal à sa jonction avec l'étang, et v la variation correspondante de ce même canal à son débouché dans la mer. Il sera facile d'exprimer V — v en fonction de quantités connues.

Appelons I la pente de l'eau, u sa vitesse moyenne, E le débit, S la section du courant d'eau dans le canal (1), L la longueur de ce canal, C le périmètre mouillé : il existe entre les quantités I, u, E, S et C, les relations générales suivantes :

$$(i) \ldots\ldots I = \frac{C}{S}\,(au + bu^2) \quad \text{et} \quad E = uS,$$

a et b sont des coefficients très-petits déterminés par l'expérience. Nous ferons observer que, si l'on fait E = Q, on aura

$$I = \frac{H - h}{L} \quad \text{et} \quad u = \frac{Q}{S}.$$

En portant ces valeurs de I et de u dans la formule générale (i) et en y remplaçant S par el, on obtient :

$$(m) \ldots\ldots H - h = \frac{LC}{e^3 l^3}\,(aeQl + bQ^2).$$

On aurait de même

$$(n) \ldots. H' - h' = \frac{LC}{e^3 l^3}\,(aeQ'l + bQ'^2).$$

---

(1) Cette section est la même que la section totale des ouvertures ménagées à l'extrémité du canal.

Si l'on retranche l'équation (n) de l'équation (m), et si l'on se rappelle que $H - H' = V$ et $h - h' = v$, lorsque H' et h' sont positifs, il est aisé de voir que l'on aura après simplification :

$$(p) \ldots\ldots V - v = \frac{LC}{e^3 l^3} \left[ae(Q - Q')l + b(Q^2 - Q'^2) \right].$$

Lorsque H' et h' sont négatifs, on a $V = H + H'$ et $v = h + h'$. Pour trouver la valeur de $V - v$ dans ce cas, il faut ajouter ensemble les équations (m) et (n), ce qui conduit à

$$(q) \ldots\ldots V - v = \frac{LC}{e^3 l^3} \left[ae(Q + Q')l + b(Q^2 + Q'^2) \right].$$

Les équations (p) et (q) résolvent la question en donnant, comme on va le voir, le moyen de rectifier la valeur approchée de l, et de l'avoir aussi exacte qu'on le voudra.

Les seconds membres de ces équations sont des quantités essentiellement positives. Ainsi la variation des niveaux est toujours plus étendue du côté de l'étang qu'à l'embouchure du canal. On remarquera aussi que $V - v$ est plus grand lorsque H' et h' sont négatifs que dans le cas contraire.

L'expression (p) ou l'expression (q) de $V - v$

combinée avec l'équation (g) ou l'équation (h), dans laquelle on aura remplacé D par v, donne d'une manière rigoureuse la relation qui existe entre l et les données du problème. Dans le cas, par exemple, où Q′ exprime un trop-plein, il faut considérer l'équation (g) et y remplacer D par v; elle devient alors :

$$(g') \ldots\ldots l = \frac{\sqrt{Q^2 - Q'^2}}{me\sqrt{2gv}}.$$

Si l'on élimine v entre l'équation (g') et l'équation (p), dans laquelle on aura substitué à V sa valeur D, on obtient :

$$(r) \ldots\ldots 2m^2g De^3 l^3 - [2m^2 gaLCe(Q - Q') + c(Q^2 - Q'^2)]l$$
$$- 2m^2 gbLC(Q^2 - Q'^2) = 0.$$

C est une fonction de l, car on a $C = l + 2c$. En portant cette expression dans l'équation (r), celle-ci devient finalement :

$$(s) \ldots\ldots 2m^2 g De^3 l^3 - 2m^2 gaLe(Q - Q')l^2$$
$$- [4m^2 gaLe^2(Q - Q') + c(Q^2 - Q'^2) + 2m^2 gbL(Q^2 - Q'^2)]l$$
$$- 4m^2 gbLe(Q^2 - Q'^2) = 0.$$

Cette dernière équation ne renferme que l'inconnue l et les données du problème.

Il est aisé de voir que dans le cas où Q′ exprimerait un déficit, on aurait :

$$(t) \ldots\ldots 2m^2g\mathrm{D}e^3l^3 - 2m^2ga\mathrm{L}e(\mathrm{Q} + \mathrm{Q}')l^2$$
$$- [4m^2ga\mathrm{L}e^2(\mathrm{Q} + \mathrm{Q}') + e(\mathrm{Q}^2 + \mathrm{Q}'^2) + 2m^2gb\mathrm{L}(\mathrm{Q}^2 + \mathrm{Q}'^2)]l$$
$$- 4m^2gb\mathrm{L}e(\mathrm{Q}^2 + \mathrm{Q}'^2) = 0.$$

Les équations (s) et (t) sont du troisième degré et ont des coefficients très-compliqués. Nous pensons qu'au lieu de chercher leurs racines, il sera plus simple, dans la pratique, de calculer l par approximation, à l'aide de l'équation (g) ou de l'équation (h); puis, en se servant de l'équation (p) ou de l'équation (q), où l'on fera $v = \mathrm{D}$, de déterminer V. Si la différence $\mathrm{V} - \mathrm{D}$, qui devrait être nulle pour que l fût rigoureusement exact, était jugée trop considérable, on remplacerait, dans les équations ci-dessus désignées, D par une quantité un peu plus petite, et l'on recommencerait les calculs qui donneraient cette fois une valeur plus forte pour l et plus faible pour V. On procéderait ainsi par tâtonnement jusqu'à ce que la différence $\mathrm{V} - \mathrm{D}$ devînt négligeable. On verra bientôt un exemple numérique de cette méthode.

La valeur de l étant connue avec une approximation suffisante, on déterminera celle de S et l'on s'en servira, en la portant dans l'équation (b), pour obtenir h' qu'il est utile d'avoir, afin de calculer le maximum de hauteur à donner au barrage $m\,n$, *fig.* 17, ou $v\,q$, *fig.* 18. Si l'on désigne par P la profondeur de la mer, supposée à son minimum d'élévation, il faut que l'on ait, tout au plus, $m\,n = \text{P} + h' - e$ ou $m\,n = \text{P} - h' - e$ (suivant que h' sera positif ou négatif), afin que l'écoulement ait toujours lieu dans les conditions que supposent les équations (a) et (b). Si l'on adoptait la disposition de la *fig.* 18, il faudrait que $v\,q$ ne dépassât pas $\text{P} - e$ dans le cas où h' serait positif, et $\text{P} - e - h'$ dans le cas contraire. Nous ajouterons qu'il est toujours nécessaire que le fond du canal ne soit pas plus élevé que le point m ou le point v, du côté des barrages, ni au-dessus du niveau $\text{H}' - e$, ou $-(\text{H}' + e)$ si H' est négatif, du côté de l'étang (1). Les deux dimensions de ce canal en largeur et en profondeur se trouvent ainsi déterminées.

Il nous reste à indiquer les considérations d'après lesquelles on fixera la hauteur e de la section S, ainsi que la largeur de l'espace O entre les deux barrages. Il est évident que la

---

(1) La valeur de H sera donnée par l'équation (n) ci-dessus en fonction de h', de Q' et d'autres quantités connues.

hauteur *e* doit être aussi grande que possible, puisque la largeur du canal sera dans un rapport inverse. Mais d'un autre côté, les barrages *m n*, *fig.* 17, et *v q*, *fig.* 18, seront d'autant moins élevés que l'on fera *e* plus grand, et moins ces barrages seront hauts, plus le sable tenu en suspension par l'agitation de la mer aura de la facilité à pénétrer dans le canal. Il faudra donc, pour assigner à *e* une valeur convenable, tenir compte de la profondeur minimum des eaux, du régime de la mer et de la grosseur des matières qu'elle met en mouvement. Quant à l'espace O, il est évidemment nécessaire que, déduction faite de la surface des brise-courants qui y seront placés, sa section soit au moins égale à S. Sa largeur minimum, qui est celle qu'il faudra adopter, sera par suite connue.

Afin de rendre nos calculs plus clairs, nous allons en faire une application numérique. Supposons un étang dont le trop-plein atteint habituellement en hiver 20 mètres cubes d'eau par seconde, et se réduit à 5 en été. On veut, dans l'intérêt de la salubrité, que la variation du niveau de l'étang, d'une saison à l'autre, n'excède pas $0^m.20$. La hauteur des ouvertures ménagées à travers les barrages étant de $0^m,50$, il s'agit de calculer quelle doit être la largeur l du canal. En faisant, dans l'équation (g), $Q = 20$ $Q' = 5$, $m = 0,625$, $e = 0^m,50$, $g = 9^m,8088$, et $D = 0^m,20$, on trouve $l = 48^m,52$. Cette valeur de l n'est qu'une première approximation; elle est trop petite, parce que l'on a supposé qu'au débouché du canal la variation du niveau des eaux était de $0^m,20$, tandis que, en réalité, elle est moindre. Afin de rectifier l, on calculera V à l'aide de l'équation (p). Nous supposerons que la longueur L du canal est de 50 mètres, et nous admettrons, avec de Prony, que dans l'équation (p), a est égal à $0^m,0000444$ et b à $0^m,000509$. Les valeurs à donner aux autres lettres de cette équation sont : $v = 0,20$, $C = 49,12$, $l = 48,52$, $e = 0,30$, $Q = 20$, $Q' = 5$. En effectuant les calculs, on trouve $V = 0^m,286$, d'où $V - D = 0^m,286 - 0^m,20$ $= 0^m,086$. Donc, en faisant $l = 48^m,52$, la variation du niveau des eaux de l'étang excéderait de $0^m,086$ le maximum qui avait été fixé, afin d'éviter l'insalubrité. Pour corriger cette erreur, on remplacera dans l'équation (g) D par $0,15$, c'est-à-dire par la valeur de D diminuée d'un peu plus de la moitié de $V - D$.

On fera, en d'autres termes, $v = 0,15$. En effectuant de nouveau les calculs, on obtient cette fois $l = 55^m,86$ et $V = 0^m,205$. Par conséquent, $V — D = 0^m,205 — 0^m,20 = 0^m,005$. Cette dernière différence étant négligeable, on pourra adopter définitivement $55^m,86$ pour la largeur du canal (1).

Si Q était un nombre très-élevé relativement à Q', on voit par l'équation (g) qu'il en résulterait pour le canal à construire une largeur l très-considérable ; ce qui serait un inconvénient grave à cause des dépenses. Mais nous ferons observer que toutes les fois qu'un étang reçoit pendant la mauvaise saison des affluents d'un fort volume, il existe toujours une ouverture communiquant naturellement avec la mer, par laquelle le trop-plein s'écoule. Si néanmoins il y a insalubrité, cela tient à ce que la section de ce débouché est trop petite pour empêcher des variations notables de niveau dans le passage de l'hiver à l'été. Dans ce cas, pour

---

(1) On ne doit pas oublier que nous nous sommes placé dans l'hypothèse d'une mer très-peu profonde. Lorsqu'on aura une hauteur d'eau un peu notable, égale par exemple à 2 ou 5 mètres, on pourra faire e beaucoup plus grand que $0^m,50$ et, par suite, réduire considérablement la largeur du canal.

remédier au mal, il suffira de construire un canal d'écoulement supplémentaire. Soit A la largeur totale qu'il faudrait donner à un canal s'il n'y avait pas de débouché naturel, B la largeur de ce débouché et l celle du canal supplémentaire, on aura $l = A — B$. Le plus souvent la valeur de l ne sera pas excessive. Il est vrai qu'il faudra pourvoir d'un appareil de barrages le canal B déjà existant.

Souvent la largeur à donner au canal sera médiocre. — Nous avons maintenant une observation importante à faire. Beaucoup d'étangs littoraux insalubres, particulièrement en Corse, ne sont alimentés en hiver que par de faibles affluents et ne reçoivent rien en été. Il en résulte que, pendant cette saison, leur communication avec la mer est complétement interrompue. Alors, sous l'influence d'une évaporation continue pendant cinq à six mois de beau temps, par l'effet de l'imbibition des terres riveraines devenues très-sèches et par la dispersion matérielle de l'eau que les vents violents opèrent souvent, la surface de ces étangs peut s'abaisser d'une quantité très-considérable, égale par exemple à $1^m,5o$ ou à 2 mètres. On comprend combien une variation aussi énorme de niveau, opérée à l'époque des grandes chaleurs, doit favoriser l'insalubrité. Si la côte orientale de la Corse est inhabitable en été, ce n'est pas pour d'autre cause. Dans ce cas très-fréquent, comme nous venons de le dire, on pourra détruire radicalement le mal par la seule construction de canaux médiocrement larges, et par conséquent peu coûteux. Un exemple va le prouver. Considérons un étang d'une étendue moyenne, ayant par exemple 1,000 hectares de superficie. Si l'on se rappelle ce que nous avons dit plus haut de la perte par l'évaporation en une seconde, les affluents étant d'ailleurs complétement nuls, on aura $Q' = 1^{mc},28$; nous admettrons $Q' = 1^{mc},50$, afin de tenir compte des autres causes de déperdition. Supposons Q égal à 2 mètres cubes et conservons aux autres données les valeurs numériques qu'on leur a assignées dans l'exemple précédent. En portant ces divers nombres dans l'équation (h), on aura $l = 6^m,75$. Ce résultat corrigé, en suivant la méthode exposée plus haut, devient $l = 8$ mètres. Nous croyons pouvoir conclure de là qu'à l'aide de canaux de communication d'une faible largeur, et par conséquent avec des dépenses que l'on prévoit

dès à présent devoir être peu considérables,
on pourra assainir complétement la belle plaine
corse dont l'avenir est, comme nous l'avons
dit, lié à celui de l'île entière.

Réponse à une objection. — Il nous reste
à répondre en peu de mots à une dernière ob -
jection. Si, comme c'est le cas le plus fréquent,
un canal de communication, entre un étang
et la mer, traverse une plage sableuse, n'est-
il pas à craindre qu'au bout d'un certain
temps il soit comblé, non plus par le sable
amené par les vagues, en admettant l'efficacité du moyen que nous avons proposé pour
s'y opposer, mais par celui du rivage que le
vent soulèvera? Ce danger serait en effet réel
dans quelques localités, si l'on n'avait soin de
le prévenir en raffermissant le sol par la végétation. Ce moyen a déjà été employé souvent
avec succès. Il faudrait boiser les berges
inclinées du canal et, en outre, ses abords sur
une certaine largeur. Ce boisement n'offrirait en
général aucune difficulté, surtout en Corse où
les arbustes, qui composent les makis, croissent
spontanément dans les lieux sableux. Partout
ils bordent la mer et s'en approchent tellement
qu'il n'y a de nu qu'un espace étroit, fréquem-

ment envahi par les vagues et où par conséquent la végétation ne peut pas se fixer ; mais
dans cette partie de la plage, le sable constamment imprégné d'humidité n'est pas mouvant.

*La question traitée intéresse un grand nombre
de lieux*. — Nous avons dit plus haut que
le système d'assainissement des étangs et des
marais littoraux, fondé sur leur libre communication avec la mer, était en principe susceptible d'une application très-générale ; qu'il conve-
nait également aux bords de l'Océan et à ceux
des mers intérieures ; qu'il était indépendant de
la forme des rivages, du nombre et du volume
des affluents, de la situation des eaux stagnantes,
en un mot de toutes les conditions physiques
qui sont si variables d'un pays à un autre.
Nous ferons maintenant observer que c'est là
un fait très-important ; car le mal qui désole
les côtes de la Corse, est loin d'être un accident
local. Il sévit sur une foule de points, dans les
diverses parties du monde, partout où la faible
inclinaison des rivages est propre à le faire
naître. Nous citerons en Europe une partie du
littoral de l'Italie, surtout celle qui est comprise entre Livourne et Piombino et que l'on
appelle les *Maremmes*. L'insalubrité de cette

contrée est, depuis plusieurs siècles, l'objet de
graves préoccupations. On a essayé de la com-
battre par des colmatages, mais le succès n'a
été que partiel. On rencontre le même fléau
dans les États de l'Église (les marais Pontins)
et sur plusieurs points de l'ancien royaume de
Naples. On le retrouve le long de l'Adriati-
que, entre Ravenne et Trieste. Le midi de la
France offre, depuis les environs de Perpignan
jusqu'aux embouchures du Rhône, une série
d'étangs et de marais qui, pour la plupart, sont
nuisibles à la santé des populations environnantes. Les bords de l'Océan en présentent également, surtout dans les contrées suivantes :
en Portugal, à l'embouchure de la Vouga, près
d'Aveiro ; en France, sur les côtes des départements des Landes et de la Gironde; dans la
Hollande, sur presque tout le littoral. La partie
basse de ce dernier pays serait inhabitable
sous un soleil brûlant. Dans le Nouveau-
Monde, le vaste golfe du Mexique est bordé, sur
presque tout son contour, de marais et de lagunes qui sont la source de miasmes très-per-
nicieux. L'insalubrité de la Vera-Cruz est connue de tout le monde. La côte orientale de la
Floride et tout le littoral de la Géorgie et des

deux Carolines, ont à peu près la même configuration physique que le contour du golfe mexicain et présentent les mêmes dangers. Plus au sud, vers le cinquième degré de latitude, les terres de la Guyane voisines de la mer, sont si basses que les marais s'y succèdent sur une longueur de près de 100 lieues et une largeur de 25. Il n'est donc pas étonnant que cette partie du continent américain soit par excellence le séjour des fièvres. En Asie, on a signalé des lieux malsains sur le pourtour des grands lacs et des mers intérieures, notamment sur les bords de la mer Noire, de la mer d'Azoff (les anciens Palus-Méotides) et de la mer Caspienne. Enfin, ils existent à l'embouchure des principaux fleuves qui arrosent la Chine, l'Inde et la Turquie d'Asie. Les marais de l'Euphrate sont fameux, ainsi que ceux du delta du Gange, patrie du choléra.

Dans ces contrées si nombreuses et si distinctes entre elles, les miasmes pestilentiels, qui déciment les populations voisines de la mer, résultent de causes identiques. Partout ils sont dus à des eaux stagnantes qui varient de niveau suivant les saisons. Puisque le remède que nous proposons d'opposer à ce mal est en principe indépendant des circonstances locales, il sera applicable à tous les pays que nous avons énumérés.

Résumé. — Nous résumerons de la manière suivante les principaux faits contenus dans cet ouvrage et les conséquences que nous en avons tirées :

1° L'insalubrité des côtes de la Corse s'oppose à ce que l'on profite des nombreuses ressources qu'offre cette île; elle est, pour cette raison, la principale cause de son infériorité agricole et industrielle.

2° Cette insalubrité est due à des causes bien connues; elle est la conséquence des variations de niveau qu'éprouvent, suivant les saisons, les étangs et les marais situés le long du littoral.

3° Le seul moyen pratique d'assainir ces étangs et ces marais est de rendre leur niveau indépendant des circonstances météorologiques, en établissant, entre eux et la mer, une communication permanente et facile. Tout autre procédé serait inefficace, incomplet, ou entraînerait des dépenses énormes.

4° Si, jusqu'à ce jour, on n'a pas employé ce moyen d'assainissement, c'est uniquement à cause de la difficulté de faire déboucher un canal dans une mer peu profonde, sans qu'au bout de quelque temps son ouverture ne soit obstruée par du sable.

5° Cette difficulté ne paraît pas insurmontable. La théorie indique qu'elle pourrait être levée en terminant un canal à son embouchure, par des ouvertures en forme de siphon renversé, dont le nombre et la section seraient réglés convenablement.

6° D'immenses intérêts sont attachés à la solution de cette question ; car, dans les deux hémisphères, il existe sur les bords de la mer une multitude de lieux insalubres, qui le sont par la même cause et exactement de la même manière que les côtes de la Corse ; par conséquent, les procédés d'assainissement employés avec succès dans ce dernier pays, pourraient l'être partout ailleurs.

Conclusion. — Il nous reste à ajouter, en terminant et comme conclusion, que le but essentiel de notre travail a été d'attirer l'attention de l'administration et de tous les intéressés sur la grandeur du mal qui paralyse les ressources de la Corse, sur l'urgence d'y apporter quelque remède et sur la voie dans laquelle il faut nécessairement entrer pour qu'il y ait des chances de réussir. Ce but aura été complétement atteint, si l'on se décide à soumettre à l'expérience, soit le procédé que nous avons proposé pour éviter l'ensablement, soit ce même procédé avec les modifications que de nouvelles études pourraient suggérer, soit enfin tout autre moyen, si l'on en trouve un qui soit jugé meilleur que le nôtre pour résoudre la même question.

NOTES ET DÉVELOPPEMENTS

NOTE A

IMPORTANCE DE L'ASSAINISSEMENT DE LA CORSE ET
FERTILITÉ DES TERRES QUI N'Y SONT PAS CULTIVÉES
A CAUSE DE LEUR INSALUBRITÉ.

EXTRAITS DE DIVERS AUTEURS

Opinion de M. Blanqui (1).

Le mauvais air est, en effet, un des fléaux de la
Corse, beaucoup moins par son action délétère que
par les conséquences qu'il entraîne à sa suite. Chacun sait comment peu à peu, dans ce pays, les
torrents qui roulent du sommet des hauteurs ont
exhaussé le fond de leur lit et obstrué à force d'alluvions leurs étroites embouchures. Il en est résulté, principalement sur la côte orientale, des

(1) *Rapport sur l'état économique et moral de la Corse en*
1838. In-4°, Paris, 1840. Pages 14, 22 et 55.

marais assez insalubres pour avoir décimé la population qui vivait sur leurs bords. Aussi, à une
époque fixe, quand vient le mois de juillet et pendant ceux d'août et de septembre, tout le monde se
hâte d'abandonner ces dangereux parages. Il n'y
reste personne, et la plus affreuse solitude règne
dans toute la plaine en dépit de sa fécondité merveilleuse et du magnifique ciel bleu qui la couvre.
Tous les soirs, au coucher du soleil, une vapeur
épaisse et grisâtre s'élève du sein de ces marais
couverts de joncs et de roseaux. Elle plane lourde-
ment sur l'horizon et recèle en ses flancs le principe de ces fièvres intermittentes pernicieuses, qui
brisent les constitutions les plus robustes quand
elles ne donnent pas la mort. Malheur au voyageur
imprudent qui les brave en s'abandonnant au
sommeil! malheur encore à celui qui s'y aventure
avant que le soleil ait absorbé à son lever cette
écume de brouillard dont les exhalaisons empoi-
sonnent la plaine! Ce terrible fléau n'est pas seulement redouté sur un point de la Corse; il sévit
avec plus ou moins d'intensité sur tous les autres.
Aux environs d'Ajaccio, aux portes de Bastia, à
Saint-Florent, on rencontre partout des hommes
au teint hâve et minés par la fièvre. Les comman-
dants des forteresses du littoral s'enfuient vers la
montagne avec leurs garnisons. Cette mauvaise ha-
bitude a produit les conséquences ordinaires de la
peur. L'ennemi qu'on n'a point osé attaquer de front
a gagné du terrain et la Corse s'est vu mettre au
ban de l'Europe par la négligence de tous les
gouvernements à remplir envers elle le premier de
tous les devoirs, celui d'assurer la salubrité de son

territoire. Il ne faut pas se le dissimuler, la question de l'assainissement des marais est une question
de vie ou de mort pour la Corse. C'est une dette de
la communauté. Réduite à ses seules forces, cette
île est hors d'état d'accomplir une tâche aussi rude.
Nous lui devons aide et protection, comme si elle
était en proie à un vaste incendie. Et n'est-ce pas
un fléau plus funeste, celui qu'elle éprouve, celui
qui frappe de stérilité la plus belle partie de son
sol et qui décime ses habitants? L'État qui fait les
routes royales pour qu'on puisse circuler, ne doit-il
pas, à plus forte raison, assainir les marais pour
qu'on puisse vivre. . . . .
. . . .

Ici reparaît le grand problème de l'agriculture
corse. La question de l'assainissement, question de
vie ou de mort, non-seulement au bord de la mer
et dans les plaines marécageuses, mais même au
centre de l'île et dans des bassins, tels que celui de
Ponte-Nuovo, où, sans eaux stagnantes, sans flaques
visibles à l'œil, on n'a pas moins à redouter les
fièvres pernicieuses qui causent tant de ravages sur
le littoral. Quand la métropole aura résolu ce problème au profit de la Corse, elle usera du droit de
recommander aux habitants du pays la nécessité de
fumer les terres pour entretenir leur fertilité et pour
en obtenir d'abondantes récoltes. . . . .
. . . .

Les marais du Fiumorbo sont aussi dangereux
que ceux de Saint-Florent, et la vie des hommes n'est
pas moins précieuse au couchant qu'au levant de
la Corse. Par où donc commencer les assainisse-
ments? Par où l'on voudra, pourvu que l'on com-

mence. On discute là-dessus depuis trop longtemps.

Opinion de M. de la Rocca (1).

Les propriétaires des domaines situés dans les
plaines, abandonnent aux soins de la nature des
plages étendues et fertiles pour aller habiter des régions montagneuses où l'air est beaucoup plus pur,
il est vrai, mais où le sol est beaucoup moins pro-
ductif. L'insalubrité est le motif de cet abandon, et
elle est telle, en effet, depuis le mois de juin jusqu'au mois d'octobre, qu'il est dangereux d'y habiter à cette époque.

On comprend facilement quelles sont les causes
de cette insalubrité. Tout le monde sait que là où
il y a des étangs, des eaux stagnantes frappées en été
par les rayons du soleil, là existent des exhalaisons
funestes qui répandent les maladies et la mort
dans les environs..... C'est pour cette raison que
les propriétaires cultivent à peine, d'une manière
défectueuse, la quarantième partie des immenses
terres d'alluvion d'Aléria, de Mariana et de Porto-
Vecchio. Cet état de choses, déplorable au plus haut
degré, ne peut durer plus longtemps, car le pays en
souffre de toutes les manières, et ses souffrances
sont d'un caractère assez grave pour qu'on songe à

---

(1) *La Corse et son avenir*, in-8°, Paris, 1857. Page 158 et
suivantes.

paralyser les terribles conséquences qu'entraîne après elle, depuis des siècles, l'insalubrité de ces vastes plages maritimes si riches et si fécondes et pourtant jusqu'à présent improductives.

« On trouverait difficilement, dit l'historien Ja-
« cobi, un endroit plus favorisé de la nature que
« le territoire de l'ancienne ville d'Aléria. C'est
« une plaine d'environ 50 milles carrés, bai-
« gnée à l'est par les ondes blanchissantes de la
« mer ; au nord, par les eaux de Tavignano, qui
« pourraient servir à l'arroser dans tous les sens ;
« au midi, par l'Orbo ; enfin, bordée au couchant
« par une longue chaîne de montagnes touffues et
« peu élevées. Nul territoire n'est plus fertile que
« celui dont nous parlons, et l'on a peine à dire jus-
« qu'à quel point il l'est, car la vérité ressemble à
« l'exagération. Cette fertilité prodigieuse se fait
« surtout remarquer près du Tagnone ; mais toute
« la bande orientale de l'île, depuis et y compris
« Mariana jusqu'à Porto-Vechio, est, à quelque chose
« près, également féconde. On trouverait difficile-
« ment en Europe un sol où la végétation soit plus
« prompte ou plus vigoureuse. »

« Je ne sais, dit également Blanqui, ce que vaut
« la Mitidja d'Afrique, mais j'adjure nos concitoyens
« de se souvenir qu'il existe à vingt-quatre heures
« de Toulon et à huit heures de Livourne, une Mi-
« tidja française comparable à la terre promise et
« propre à toutes les cultures. »

Depuis longtemps les populations da la Corse ap-
pellent de tous leurs vœux le dessèchement des ma-
rais. Les travaux de cette nature exécutés dans les environs de Calvi, de Saint-Florent et à l'embou-

chure du Golo, ont eu quelque succès et ont abouti
à des résultats assez salutaires; cependant les
sommes dépensées pour ces divers travaux ne sont
pas très fortes; ainsi :

Le desséchement partiel des marais
de Saint-Florent a coûté. . . . . 100.117 fr.
    Idem... de Calvi. 63.163
    Idem... de Casinca (bassin du Golo). 18.371

                 Total. 181.651

Nous savons que le gouvernement ne peut tout
d'un coup se lancer dans des opérations qui absor-
beraient des sommes considérables; c'est pourquoi
nous serions mal vu de demander l'accomplissement
prompt et rapide d'un projet de la plus haute importance, qui résume à lui seul la richesse agricole de
toute la Corse. Nous demandons seulement que les
plaines marécageuses soient assainies petit à petit,
et cela dans le plus bref délai; car nous sommes
convaincu que le revenu territorial de l'île de Corse
augmentera par ce moyen d'une façon assez notable
pour égaler celui des départements les plus floris-
sants, les plus riches de la France.

    « Nous reconnaissons cependant, dit M. Richard
« ingénieur, qu'un assainissement partiel est une
« pure illusion. On conçoit facilement, en effet,
« qu'il ne suffit pas de se débarrasser des eaux sta-
« gnantes et d'assécher les marais dont on est de-
« venu propriétaire, et qu'il faudrait que la même
« opération eût été faite sur la plaine entière dont
« la propriété fait partie. Tant que cette condition
« ne sera pas satisfaite, on sera infecté par les

« miasmes développés autour de soi, car les mias-
« mes ne respectent pas les clôtures. »

L'assainissement de cette partie du territoire de
la Corse est d'autant plus important que l'achève-
ment de tous ces travaux conduira naturellement
à la création de beaucoup de villages aux embouchures de toutes les rivières, attirera infailliblement
l'homme de la montagne vers les terres basses, et
les produits de ces contrées s'échangeront alors
avantageusement contre ceux des continents voisins.

Nous croyons fermement que le jour où l'on aura
combattu l'insalubrité et qu'on pourra, sans exposer
sa vie, cultiver les champs fertiles des plaines
orientales, ce jour-là il y aura en Corse richesse,
aisance et bien-être; et, par une conséquence inévitable, la population agricole doublera, triplera
naturellement, sans qu'on ait besoin de recourir à
des mesures extraordinaires. Si le manque de bras
est encore un obstacle à l'avancement de l'agriculture, nul doute que cet obstacle ne soit aplani,
lorsque les immenses espaces de terres incultes ac-
cueilleront le laboureur sans lui inspirer la crainte
de la mort.

La quantité de terrain qu'il s'agirait d'assainir
est très-grande; elle occupe presque toute la côte
orientale de l'île, c'est-à-dire un espace d'environ 25 lieues de longueur à partir de Bastia
jusqu'à Porto-Vecchio. C'est cette partie de l'île,
faisant face à l'Italie, qui en est la plus fertile. Là
l'hiver se fait à peine sentir et les chaleurs de l'été,
tempérées par les vents de la mer, y sont très-supportables. Toutes les productions de la France et
de l'Italie y prospèrent bien: les arbres utiles y

réussissent à merveille, et les rivières, qui bordent ces belles plaines, pourraient faciliter les travaux d'irrigation.

Comme on le voit, tous les avantages semblent accumulés sur cette partie de la Corse, qui fut la seule occupée par les Romains, si l'on excepte quelques places situées sur la côte occidentale. C'est du temps des Romains, en effet, que ces vastes plaines étaient productives, que l'air y était sain comme ailleurs, que les populations étaient nombreuses et que les villes florissantes d'Aléria et de Mariana s'élevaient sur le bord de la mer. Mais, hélas! ce temps n'est plus! Comment se fait-il donc que de nos jours ces parages jadis si beaux, si riches et si sains, soient devenus déserts, inexploités, et aient donné asile à l'infection, à un air pestilentiel?

Extrait d'un rapport au Conseil général de la Corse, session de 1819 (1).

Porto-Vecchio n'est habitable que depuis le mois de novembre jusqu'au mois de juin..... Pendant l'été, les habitants sont obligés de se retirer dans les montagnes de l'intérieur, vers Queora, à 5 myriamètres des bords de la mer. Les malheureux qui sont obligés de passer à Porto-Vecchio le temps des chaleurs, ne tardent pas à être atteints de fièvres tierces et doubles-tierces, qui les enlèvent en peu

---

(1) Robiquet, ouvrage déjà cité, page 519.

de temps. Les exhalaisons méphitiques provenant
des marais qui entourent Porto-Vecchio, sont la
principale cause de ces maladies. Cet inconvénient
a jusqu'ici empêché de tirer parti d'un vaste terrain
sur lequel, d'après les expériences qui ont été faites,
on pourrait naturaliser la plus grande partie des
arbres et des plantes qui croissent dans les Deux-
Indes..... On abandonne actuellement à la pâture
de quelques misérables troupeaux un territoire
susceptible de nourrir plus de cinquante mille âmes,
d'être affecté à de précieuses cultures, et qui confine
l'un des meilleurs ports de la Méditerranée.

Sur la plaine d'Aléria, par l'abbé Gaudin (1).

Quand on nomme la plaine en général, on en-
tend en Corse cette partie de terrain, située entre la
mer et les montagnes, qui s'étend depuis Bastia
jusqu'à Porto-Vecchio, c'est-à-dire dans un espace
de près de 30 lieues de longueur sur 2 ou 3
de largeur. Elle occupe presque toute la côte
orientale de l'île. C'en est la partie la plus fertile et
il y a peu de provinces en Europe qui jouissent d'un
sol plus heureux. L'hiver y est à peine sensible et
les chaleurs de l'été, tempérées par les vents de
mer, y seraient très-supportables. La terre y est
susceptible de toutes les productions de la France
et de l'Italie. Le bord des rivières et des étangs peut

---

(1) *Voyage en Corse et vues politiques sur l'amélioration
de cette île.* Paris, 1787. Page 9 et suivantes.

fournir des prairies abondantes, le reste du terrain se couvrir de toutes les espèces de moissons et de tous les arbres utiles. Il y a même des aspects où la chaleur, augmentée par des causes locales, pourrait donner le coton, le térébinthe et quelques-unes des productions qui n'appartiennent qu'aux pays les plus chauds. On croit encore qu'il serait facile d'y élever des vers à soie, parce que cette partie de l'île est peu exposée aux vents impétueux et que dans la saison des vers à soie, il ne pleut ni ne tonne presque jamais en Corse.

Cette plaine, depuis Cervione jusqu'à Aléria, n'est point un terrain plat et uni; elle présente une succession de petits monticules, à peu près de la même élévation, qui varient l'aspect du terrain sans rien ôter à sa fécondité. Partout les sites sont délicieux : d'un côté l'immensité de la mer, plusieurs îles semées dans cet espace; de l'autre la perspective rapprochée des montagnes dont quelques-unes offrent des neiges éternelles et les autres la plus riante verdure. La ville d'Aléria sur le bord de la mer et dominant à la fois toute la plaine, deux grands lacs qui l'avoisinent, plus de 30 lieues de montagnes qui semblent se courber en demi-cercle devant elle et présentent toutes leurs gradations et leurs différentes chaînes, montrent un des plus superbes spectacles dont l'œil puisse jouir. D'ailleurs le pays est abondant en gibier, en poisson, et promet par sa fertilité, non-seulement les besoins, mais toutes les délices de la vie.

Il paraît que cette plaine fut à peu près la seule partie occupée par les Romains, si l'on excepte quelques places situées sur la côte occidentale. Quant

au reste de l'île, ils se bornaient à contenir les habitants dans leurs montagnes, en leur imposant un
léger tribut.

Dans cette plaine se trouvaient alors deux villes,
Mariana et Aléria, dont la dernière était sûrement
considérable; on y voit encore quelques ruines
d'antiquités. L'emplacement de Mariana n'offre
plus que son ancienne cathédrale assez bien conservée et que l'on juge par son architecture avoir été
bâtie vers le xe ou le xie siècle. Ces deux villes supposent nécessairement une multitude de villages
et une population nombreuse dispersée dans la
plaine. Elle était donc saine alors et n'a cessé de
l'être que depuis qu'elle a été abandonnée par la
crainte des Sarrasins et des fréquents ravages de la
guerre. On conjecture que cet événement arriva
dans le xie ou xiie siècle, car on n'a point de monument certain pour en constater la date.

La mer alors n'étant plus contenue par le travail
des hommes a pu franchir impunément ses limites.
Les désastres causés par une tempête en auront
préparé de plus grands pour la suivante, et, entassés pendant une longue suite de siècles, ils auront
à la fin métamorphosé le terrain. C'est ainsi que se
sont formés vraisemblablement les étangs qu'on
trouve le long de cette plage. On juge par quelques
anneaux qu'on a trouvés attachés aux rochers de
l'étang de Diana, que c'était autrefois le port d'Aléria. Le lac de Biguglia n'a peut-être pas une autre
origine. Un vaisseau entier que les directeurs du
Terrier ont trouvé enterré à plus de 10 pieds sous
le sable, indique clairement combien le terrain s'est
exhaussé et toutes les révolutions qu'il a éprouvées.

Quoi qu'il en soit, cette plage si étendue et si fertile, abandonnée à la nature, ne contient pas aujourd'hui une seule habitation. Les propriétaires
des terrains n'en cultivent pas la cinquantième partie. Cette culture toujours éloignée de plusieurs
lieues de la demeure des possesseurs ; exploitée
sans bestiaux, sans engrais, et, avec de mauvais
instruments de labourage, par des Lucquois et
d'autres étrangers qui n'y prennent aucun intérêt ;
d'ailleurs livrée pendant l'hiver aux dégâts des
troupeaux de chèvres et de brebis, qui errent alors
librement dans toute la plaine ; enfin qui ne se recueille que sous un air pestilentiel, et dont les fruits
sont toujours mêlés avec des semences de maladie
et de mort ; cette culture, dis-je, rapporte peu et ce
sol, le plus riche de l'île, abandonné de ses habitants, n'apporte presque aucune utilité.

L'insalubrité est la cause de cet abandon, et elle
est telle en effet depuis le mois de juin jusqu'à la
fin d'octobre, qu'il est dangereux d'y voyager, même
pendant le jour et qu'il en a quelquefois coûté la vie
à ceux qui ont été forcés d'y passer une nuit. Le
seul remède contre l'intempérie est d'allumer autour de soi un grand feu ; mais il n'est pas toujours
efficace. Dans les autres saisons et surtout en hiver,
on peut habiter la plaine impunément, et il n'est
point de pays qui jouisse d'une température plus
agréable et plus douce.

Les causes de cette insalubrité sont cinq à six
grands lacs ou étangs, dispersés le long de la côte,
et dont les eaux stagnantes, frappées en été par
les rayons du soleil, répandent partout des exhalaisons funestes.

NOTE B

SUR LES RAPPORTS QUI EXISTENT ENTRE LA SALUBRITÉ
DES CÔTES ET LA LIBRE COMMUNICATION DES ÉTANGS
LITTORAUX AVEC LA MER.

La côte orientale de la Corse n'a pas toujours été insalubre. — Dans l'introduction placée au commencement de cet ouvrage, nous avons fait le tableau de l'abandon dans lequel languit la côte orientale de la Corse, sans mentionner en aucune manière un fait historique très-important dont nous allons maintenant nous occuper. Cette partie de l'île, dont l'aspect désolé contraste avec les immenses ressources que son sol renferme, n'a pas été toujours telle que nous la voyons aujourd'hui. Elle a nourri pendant longtemps une population qui paraît avoir été active et nombreuse. Des villes et des villages étaient répandus sur son territoire, ce qui suppose des cultures, un commerce et une industrie. La plupart des auteurs qui ont parlé de cet ancien état de choses, ont fait observer avec beaucoup de raison qu'il est inconciliable avec

l'insalubrité actuelle des lieux, que par conséquent cette insalubrité est moderne, et que, sans
doute, elle a été le résultat de quelque révolution physique. Cette conséquence sur laquelle
on n'a pas assez insisté, malgré sa justesse,
ouvre un champ de recherches du plus haut
intérêt, dont la liaison avec le sujet que nous
avons traité est évidente. Combien de temps
la prospérité de la côte orientale et, avec elle, la
salubrité qu'elle suppose, ont-elles duré? A
quelle époque ont-elles disparu? Avec quelle
révolution du sol cette disparition a-t-elle coïncidé, et d'où est venue cette révolution? Telles
sont les questions qui se présentent naturellement à l'esprit. Pour y répondre, il faut nécessairement avoir recours à la tradition et aux
annales d'un passé déjà loin de nous. Une ville
qui paraît avoir été importante à une certaine
époque et où probablement s'est pressée une
population nombreuse, Aléria, a existé autrefois
près de l'embouchure du Tavignano; aujour-
d'hui il n'en reste que des ruines. Son territoire aussi a bien changé : on y observe toujours des terres fertiles, mais elles sont incultes;
tout le pays à l'entour est désert. Non loin de
là, un port très-connu des anciens géographes,

celui de l'étang de Diane, est maintenant impraticable. Il est évident que l'histoire de la décadence et de la ruine totale d'Aléria doit être liée à celle des changements physiques qu'ont subis les lieux environnants. Nous allons donc, en partant des temps reculés où cette ville a pris naissance, la suivre à travers les siècles, jusqu'au moment où elle a cessé d'exister et tâcher de percer l'obscurité des causes qui ont amené cet événement. Nous rapporterons également ce que l'on sait d'une autre cité nommée *Mariana*, qui, moins connue qu'Aléria, quoique peut-être son importance ait été aussi grande, paraît avoir fini de la même manière. Comme notre but est uniquement de faire connaître l'état de la côte orientale à diverses époques, nous n'emprunterons à l'histoire générale de la Corse que les faits indispensables pour l'intelligence de ce que nous aurons à dire.

Histoire d'Aléria et de Mariana; date de l'insalubrité de leur territoire. — Une profonde obscurité enveloppe les premiers âges de la Corse; on sait seulement qu'elle a été connue et visitée, dès la plus haute antiquité, par les navigateurs de plusieurs nations méditerranéen-

nes, telles que les Phéniciens, les Ioniens, les
Pélasges et les Tyrrhéniens. Plusieurs fois ces
visites se changèrent en immigrations. Hérodote
rapporte que des habitants de Phocée, en Ionie,
abandonnèrent leur ville assiégée et vinrent
s'établir dans l'île de Cyrnos (la Corse) ; ils y
fondèrent une ville nommée *Alalia*, que la plupart des savants s'accordent à considérer
comme étant la même qu'*Aléria*. Hérodote
écrivait vers l'an 444 avant J-C ; la fondation
d'Aléria remonte donc à plus de XXIII siècles.
Ses désastres commencèrent de bonne heure.
Elle fut ravagée successivement par les Tyrrhéniens, les Siciliens et les Carthaginois.
L'an 261 avant l'ère chrétienne, pendant le
cours de la première guerre punique, les Romains, conduits par le consul L. C. Scipion,
portèrent pour la première fois leurs armes en
Corse. Scipion assiégea et prit Aléria, ainsi que
l'atteste l'inscription suivante trouvée à Rome :
...HIC.FVET. A. HEC. CEPIT. CORSICA. ALERIA-
QUE. URBE...., que l'on a interprétée ainsi :
hic fuit, hic cepit Corsicam Aleriamque urbem.
Puisque la prise d'Aléria en Corse est mention-
née sur l'inscription indépendamment de la
conquête de cette île, on doit y voir la preuve

que c'était une ville importante et fortifiée. Les
habitants de la Corse essayèrent d'abord de se
soustraire à la domination de leurs vainqueurs,
mais toujours défaits, ils finirent par se soumettre.

Cent vingt-quatre ans après avoir été prise,
Aléria devint une colonie romaine fondée par
Sylla. On sait que ces colonies étaient des
villes que la république peuplait de ses propres
citoyens. Elles jouissaient de priviléges très-
enviés. Leurs habitants étaient libres, exempts
de tribut, et nommaient eux-mêmes leurs ma-
gistrats ; ils avaient de grandes facilités pour
acquérir le droit de bourgeoisie à Rome. Ces
avantages n'étaient jamais accordés qu'à des
villes que l'on jugeait importantes ou susceptibles de le devenir. Telle était donc alors Aléria ; elle était considérée comme la capitale de
toute la Corse.

Depuis l'établissement d'une colonie romaine
à Aléria jusqu'à l'invasion des barbares, espace
de temps qui a duré près de cinq siècles, c'est
à peine s'il est fait mention des Corses dans
l'histoire. On en a conclu que ce peuple avait
été heureux : cela est douteux. Il y a des
souffrances obscures souvent plus intolérables

que celles qui sont éclatantes. Sous les premiers
empereurs, on exportait de la Corse des esclaves, du miel et de la cire. Les esclaves passaient pour être très-mauvais (1). Le miel était
peu estimé, à cause de son amertume (2). Il
restait la cire qui devint l'objet d'un tribut important, imposé par les Romains. D'après tous
les auteurs qui en ont parlé, il avait été fixé à
200.000 livres, c'est-à-dire à 76.486 kilogrammes (3). Cette énorme quantité de cire
était fournie, à peu près exclusivement, par le
littoral, car il paraît que les Romains n'ont jamais été les maîtres de la région montagneuse
de l'île; c'est une nouvelle preuve que la partie
basse, et principalement la vaste et fertile plaine
d'Aléria, nourrissait à cette époque une nom-

---

(1) Strabon, en parlant de ces esclaves, s'exprime ainsi : « Ou
« ils dédaignent de vivre, ou ils restent dans une insensibilité
« absolue. Ils fatiguent leurs maîtres et font bientôt regretter
« la somme, quelque petite qu'elle soit, qu'ils ont coûtée. »
Nous éprouvons maintenant une vive sympathie pour ces anciens
Corses qui préféraient la mort à la perte de leur liberté. Les
Romains d'alors n'y voyaient qu'un signe de barbarie.

(2) Cette amertume paraît due principalement aux fleurs de
l'arbousier que les abeilles aiment avec passion.

(3) Nous admettons, suivant l'opinion la plus accréditée, que
la livre romaine équivalait à 12 onces 4 gros, ancien poids de
France, ou à 0^{kil},58245.

breuse population agricole. Le poids total de la
cire produite par la Corse entière ne s'élève
aujourd'hui qu'à 19.316 kilogrammes (1).

Lorsque, dans le ve siècle, eut lieu l'invasion
des barbares, la Corse, ravagée comme le reste
de l'empire, devint successivement la proie des
Vandales, des Goths, des Lombards, et, plus
tard, des Arabes. Ces derniers, connus sous le
nom de *Sarrasins*, paraissent avoir séjourné
assez longtemps dans l'île, et lorsqu'ils en furent définitivement chassés par les Pisans en
1050, ils y revinrent momentanément à plusieurs reprises, faisant à l'improviste des irrup-
tions sur les côtes, où ils portaient partout la
désolation. Comme si ce n'avait pas été assez
des ennemis extérieurs, les Corses en eurent
d'autres à l'intérieur, peut-être encore plus in-
supportables, parce que leurs violences étaient
de tous les instants : nous voulons parler des
seigneurs qui s'étaient divisé le pays à l'époque
où le régime féodal y avait été introduit par les
Goths. Leurs vexations tyranniques leur atti-
rèrent souvent de sanglantes représailles.

---

(1) *Statistique agricole de la France*, publiée par l'administration, 1re partie, 1858. Page 558.

Les Pisans, qui avaient succédé aux Arabes dans la possession de l'île, en furent chassés à leur tour par les Génois, leurs rivaux. La domination génoise, qui devint définitive à partir de 1284, ne fut qu'une oppression continuelle, à laquelle les Corses résistèrent, pendant plusieurs siècles, avec un courage et une persévérance remarquables. Cette lutte, féconde en traits d'héroïsme et de barbarie, a laissé dans le pays des souvenirs ineffaçables.

Pendant cette longue suite de guerres, de ravages, de spoliations et d'actes de la plus odieuse tyrannie, ce ne sont pas les villages épars dans les montagnes qui eurent le plus à souffrir. On les dédaignait à cause de leur pauvreté ; d'ailleurs ils étaient peu accessibles. Les principales victimes de ces temps calamiteux furent les villes et les bourgs du littoral. Aléria en particulier fut bien souvent assiégée, pillée et brûlée ; néanmoins elle survécut à toutes ces dévastations (1). On pouvait bien, en effet, détruire ses maisons, massacrer ou disperser

---

1. C'est probablement à ces désastres accumulés qu'il faut attribuer la disparition complète des monuments romains à Aléria. La même remarque s'applique à Mariana. Voyez l'*Appendice* à cette note.

ses habitants, mais il lui restait toujours son
territoire d'une fertilité exceptionnelle, son heureux climat, sa position avantageuse. Avec ces
éléments de vie, il lui suffisait d'un peu de
repos pour qu'elle se relevât de ses ruines.
Aussi la voyons-nous encore florissante au
XIVe siècle, sous la domination génoise. La
Corse était alors divisée en six diocèses, qui
tiraient leur nom de la localité où résidait
l'évêque. Le plus grand de tous était celui
d'Aléria ; il comprenait dix-neuf pièves (1), et
s'étendait dans un rayon de 40 à 50 kilomètres.
Jusque vers le milieu du XVe siècle, les chroniqueurs ont fait mention de cette ville dont les
évêques prirent souvent une part active aux
troubles et aux révoltes dont l'île était alors le
théâtre ; mais, passé cette époque, il n'en est
plus question, ce qui doit faire supposer que
bientôt après elle fut abandonnée par ses habi-

---

(1) La *pieve*, du mot italien *Pievano* (curé principal), était
une circonscription ecclésiastique correspondant à peu près à
nos cantons actuels. Les pièves du diocèse d'Aléria se nommaient alors : *Giovellina, Campoloro, Verde, Opino, la Serra,
Bozio, Alesani, Orezza, Vallerustie, Talcini, Venaco, Rogna,
Curza, Coasina, Castello, Aregno, Matra, Niolo et Carbini*
au delà des monts. Voyez l'*Abrégé de géographie de l'île de
Corse* par Marmochi, page 256.

tants. Cet événement étrange ne fut le résultat
ni d'un incendie, ni d'un tremblement de terre,
ni d'aucun autre désastre extraordinaire : l'histoire nous en aurait certainement conservé le
souvenir. Aléria s'éteignit d'elle-même, obscu-
rément, ainsi que l'on meurt lorsqu'on est
frappé par une maladie. C'est en effet la maladie qui mit fin à son existence. Tout indique
que l'insalubrité de la côte orientale fit de
grands progrès à cette époque. On sait par
divers documents que, dès les premières années du XVIe siècle, la plaine était cultivée,
comme aujourd'hui, par des habitants des villages situés sur les hauteurs, qui se retiraient
dans leurs montagnes après la récolte (1).
Ainsi déjà les propriétaires du sol ne résidaient
plus sur les lieux. L'insalubrité n'avait pas seulement envahi les environs d'Aléria, il paraît
qu'elle s'était établie sur tous les points où elle
règne actuellement. Vers l'année 1525, le mauvais air était devenu tel à Porto-Vecchio, que
la plupart des habitants avaient péri. Afin de

---

(1) D'après Filippini, vers 1550, des habitants de Matra occupés à leurs travaux de culture dans la *plaine d'Aléria*, re-
poussèrent vigoureusement des pirates barbaresques qui avaient
débarqué sur la plage voisine

les remplacer, des commissaires génois ordon-
nèrent que de nouvelles familles, prises dans
les différentes parties de l'île, y seraient en-
voyées *de force*. Ce procédé, bien digne de ces
temps de barbarie, souleva de nombreuses ré-
clamations et n'eut d'autre résultat, comme on
le pense bien, que de faire de nouvelles victimes. Plus tard on revint à la charge. Vers la
fin de 1578, une colonie génoise, partie de
Vintimiglia, fut établie à Porto-Vecchio et ob-
tint en concession tous les terrains qui avaient
été abandonnés. Cette tentative n'eut pas un
meilleur sort que la précédente.

Disons maintenant quelques mots de Mariana. Cette ville fondée à une époque inconnue,
mais très-reculée, non loin de l'embouchure du
Golo, a été en quelque sorte la sœur d'Aléria
et a eu les mêmes destinées. Devenue comme
elle, et presqu'en même temps, colonie romaine (1), elle a traversé aussi un grand nombre de siècles. Son histoire est restée cependant
fort obscure jusqu'au moyen âge, où, grâce à
l'importance qu'elle avait conservée, elle fut

---

(1) Ce fut Marius qui établit cette colonie, à laquelle il donna
son nom.

le chef-lieu d'un riche diocèse composé de seize pièves. Son nom est souvent cité dans le récit des guerres et des troubles qui désolèrent alors la Corse ; ce qui permet de suivre les traces de son existence jusqu'à la fin du xv⁰ siècle. En 1119, d'après Muratori, l'archevêque de Pise, Pierre, vint avec un grand cortége consacrer son église (la Canonica), qui probablement avait été restaurée à cette époque. De 1396 à 1409, son évêque, Jean d'Omessa, et le chanoine Deodato de Casta firent la guerre au gouverneur de l'île. En 1420, les évêques de Mariana et d'Aléria excitèrent le peuple à se révolter contre les Génois. En 1485, Jean-Paul de Lecca, seigneur corse, réunit le peuple à Mariana et le harangua. Après, il n'est plus question de cette ville qui paraît avoir été abandonnée vers le commencement du xvi⁰ siècle. Cet abandon, comme celui d'Aléria, ne peut être attribué qu'à une insalubrité permanente qui envahit alors son territoire. L'aspect actuel des lieux le prouve clairement : c'est une plaine d'une rare fertilité et cependant déserte pendant une grande partie de l'année, à cause des émanations malsaines de l'étang de Biguglia et des marais qui en dépendent. Un fait historique que nousallons rapporter conduit à placer l'apparition de ces émanations préci-sément à l'époque où Mariana tomba en ruines. D'après Filippini, un habile architecte mort en 1528, avait proposé de conduire le Golo dans l'étang de Biguglia pour en faire un grand port et, en même temps, pour *assainir la plaine environnante.*

L'insalubrité a été produite par l'ensablement des embouchures des étangs. — D'où est venue l'insalubrité qui a été si fatale à Aléria et à Mariana? L'histoire, qui a souvent enregistré avec détails des événements insignifiants, se tait complétement sur cette question. Il est probable que le mauvais air de la côte orientale a été confondu avec la peste qui, à cette époque, sévissait souvent dans le pays, et que, pour cette raison, on n'en a pas recherché l'origine. Cependant il y a eu entre ces deux fléaux une grande diffé-rence : le premier n'a pas disparu, ce qui indi-que une cause physique encore subsistante, tandis que la peste a été passagère. En s'ap-puyant sur divers faits transmis par la tradition ou épars dans les chroniques locales, on est conduit à penser que l'apparition de l'insalu-brité a coïncidé avec un ensablement soit partiel.

soit total, des ouvertures qui faisaient communiquer les étangs avec la mer. On comprend facilement qu'un pareil ensablement, lorsqu'il s'est produit, a dû déterminer une corruption de l'air jusqu'alors inconnue; car il a augmenté dans une forte proportion la variation du niveau des eaux stagnantes et, par suite, l'étendue des surfaces susceptibles de devenir des foyers d'infection pendant les chaleurs de l'été (1). Voici les faits qui paraissent établir la coïncidence dont nous venons de parler.

Il est certain que l'étang de Diane a été un ancien port. On y a trouvé attachés aux rochers du rivage des anneaux qui servaient à amarrer les bâtiments. Cet étang est évidemment le *Portus Dianæ* de la carte détaillée de la Corse que nous a laissée Ptolémée; il est ainsi nommé dans tous les traités de géographie ancienne. De plus, d'après une tradition constante, il a été le port d'Aléria jusque dans le moyen âge. Or aujourd'hui il n'y a plus de communication entre l'étang de Diane et la mer, sauf pendant

---

(1) Nous avons montré précédemment que l'innocuité ou l'insalubrité d'un étang littoral dépendait en général de sa communication plus ou moins facile avec la mer. (Voyez plus haut, pages 51 et 115.)

quelques mois de la mauvaise saison où un trop-plein grossi par des pluies abondantes, se fraye un passage à travers le sable. Dès le mois d'avril les eaux baissent, la barre commence à devenir saillante, et les pêcheurs se hâtent de sortir avec leurs barques, afin de ne pas rester emprisonnés.

L'étang de Biguglia paraît avoir éprouvé des changements tout à fait semblables. Le petit village dont il tire son nom, a été autrefois une ville considérable, bâtie près de son bord septentrional. Cette ville, sous les Pisans et sous les Génois, avant la fondation de Bastia, était très-commerçante ; on la considérait comme la capitale de toute l'île. D'après la tradition, l'étang était alors ouvert à la mer et formait un port vaste et sûr où se rendaient les galères et les flottes des puissantes républiques du moyen âge, qui se disputaient alors l'empire de la Méditerranée. Cette tradition est confirmée par la découverte d'un vaisseau entier que les directeurs du Terrier, avant la révolution, ont trouvé enterré à plus de 10 pieds sous le sable. On lit aussi dans un portulan de la Méditerranée, imprimé en 1705, que l'étang de Biguglia a été à une certaine époque un très-bon mouillage, mais qu'il n'est plus accessible qu'à de petits bâtiments. Il en était déjà ainsi en 1559, puisqu'à cette date, suivant l'historien Merello, les Génois s'étant fortifiés dans un îlot situé au milieu de l'étang, les Français vinrent par mer les y attaquer; mais ils ne trouvèrent pas assez d'eau à l'embouchure pour y faire entrer leurs galères et ils ne purent y pénétrer que sur de plus petits bâtiments. On doit admettre que depuis 1559 et même depuis 1703, l'ensablement a fait de nouveaux progrès; car aujourd'hui l'embouchure de l'étang n'est praticable que pour de petites barques de pêcheurs, qui souvent ne peuvent entrer ou sortir qu'avec beaucoup de peine.

L'état actuel de l'étang de la Saline, situé entre ceux de Diane et d'Urbino, conduit également à admettre que de grandes masses de sable se sont accumulées sur le littoral. Si, comme cela n'est pas douteux, cet étang a servi autrefois à l'extraction du sel, il devait communiquer avec la mer naturellement ou artificiellement; or aujourd'hui, il est limité de ce côté par une barre sableuse, large et élevée, qui est persistante pendant toute l'année. Si l'on y

pratiquait une ouverture artificielle, elle serait
bientôt comblée.

*Phénomènes semblables sur les côtes méridio-
nales de la France.* — Les rapports que nous
venons de signaler entre la ruine de deux villes
considérables sur la côte orientale de la Corse,
l'invasion de leur territoire par une insalubrité
permanente et l'ensablement des embouchures
des étangs voisins, sont trop importants pour
que nous n'ayons pas cherché à les confirmer
par d'autres faits observés ailleurs. Nous avons
trouvé cette confirmation aussi complète que
nous pouvions la désirer dans ce qui s'est passé
sur une partie des côtes méridionales de la
France, dans les départements de l'Aude, de
l'Hérault et du Gard. Ici il y a également de
nombreux étangs communiquant plus ou moins
complétement avec la mer par des embouchures
ou canaux appelés *graux*. Autrefois, pendant
longtemps, ces graux ont été profonds et ouverts à la navigation. La salubrité du littoral
ne laissait alors rien à désirer. Les étangs
étaient des ports sûrs et commodes dont pro-
fitaient les villes riveraines pour s'enrichir par
le commerce. Il est arrivé que ces graux se
sont obstrués, au moins en partie, et, ce qui

est très-remarquable, à peu près à la même
époque que ceux de la côte orientale de la Corse.
Alors l'insalubrité a envahi les lieux environnants qui se sont dépeuplés. Il y a donc eu
dans cette partie du littoral méditerranéen,
exactement comme en Corse, une relation très-
remarquable entre l'ensablement des graux
d'une part, et de l'autre, l'apparition du mauvais air et la décadence du pays. Afin que l'on
ne soit pas tenté de croire que nous arran-
geons les faits de manière à les faire concorder
avec notre opinion, nous renoncerons à les
exposer nous-même et nous allons transcrire
ici un passage du mémoire de M. Regy que
nous avons mentionné précédemment (1).

« La prospérité, la population, la santé pu-
« blique, se modifient et déclinent avec cette
« dégénération successive des lieux, qui cor-
« respond elle-même à celle des graux.

« Dans les temps anciens et pendant la do-
« mination romaine, en remontant jusqu'à la
« destruction de Maguelonne par Charles
« Martel, en 737, nous trouvons sur les côtes

---

(1) Voyez les *Annales des Ponts et Chaussées*, 4ᵉ série,
tome V, page 213

« de la Méditerranée, dans nos parages, des
« villes florissantes : d'abord Maguelonne, la
« plus ancienne, comptoir de Tyr, qui devint
« plus tard une cité romaine importante dans
« la Gaule Narbonnaise; Agde, fondée par les
« Phocéens en même temps que Marseille, et
« plusieurs autres villes aux bouches du Rhône
« et du Petit-Rhône, dont il ne reste plus de
« vestiges; Arles, ville principale des Gaules,
« qui ne comptait pas moins de cent mille ha-
« bitants. La Camargue était dans ce temps-là
« le grenier d'abondance et le magasin de
« vivres de la milice romaine. C'était l'époque
« brillante et prospère du littoral; les étangs
« étaient alors profonds, les coupures de la
« plage nombreuses, larges et d'un grand
« débit pour l'échange des eaux entre la mer
« et les étangs.

« A cette époque de 757, où Montpellier naît
« et se développe après la destruction de Ma-
« guelonne, la dégénération du littoral est
« déjà très-marquée; les populations s'en éloi-
« gnent.

« Mais c'est surtout depuis le xiie siècle, au-
« quel es chroniqueurs nous permettent de
« remonter pour constater les changements

« arrivés aux graux, que nous pouvons établir
« la marche constante des dégénérations jus-
« qu'en 1666, date de la création du port de
« Cette, et depuis cette époque, jusqu'à la fin du
« XVIIIe siècle.

« Dès le XIIe siècle, le fond des étangs s'est
« sensiblement exhaussé. Les graux n'ont plus
« la même stabilité ; les uns se ferment, quel-
« ques-uns pour toujours, d'autres s'ouvrent
« qui ne peuvent les remplacer ; ils deviennent
« successivement impraticables aux galères,
« aux bâtiments de commerce, aux barques à
« voile : en 1666, l'embarquement et le débar-
« quement des marchandises ne pouvaient plus
« se faire que sur des alléges, hors des graux,
« en mer. C'est alors que fut décidée la créa-
« tion du port de Cette par l'ouverture artifi-
« cielle d'un nouveau grau sur la plage de
« l'étang de Thau.

« Depuis cette date de 1666 jusqu'à la fin du
« XVIIIe siècle, la situation empire rapidement ;
« les graux qui ne servent plus à la navigation
« et dont l'utilité est restreinte au renouvelle-
« ment des eaux au profit de la santé publique
« et de la pêche, se détériorent de plus en plus
« et finissent par ne plus fournir aux étangs la

« quantité d'eau que leur enlève l'évaporation
« de l'été. Ces étangs, pendant cette période,
« cessent d'être navigables ; on est obligé d'y
« établir des canaux pour les traverser.

« Si nous observons en même temps la mar-
« che de la santé publique, nous la trouvons
« constamment rétrograde ; des maladies, des
« épidémies apparaissent partout sur le littoral,
« nombreuses et meurtrières dans la première
« et, principalement, dans la deuxième période.
« Les chroniqueurs nous apprennent que, dès
« le xiiᵉ siècle, des plaintes s'élevaient sur l'état
« des lieux et sur ses effets. Déjà grandes au
« xiiiᵉ siècle, les calamités s'accroissent dans
« les siècles suivants. On constate des fièvres,
« des épidémies, des pestes que trop souvent,
« suivant M. Boudin, on aurait attribuées à des
« importations d'outre-mer, quand elles nais-
« saient de la source infectée des marais et des
« eaux stagnantes, dont les miasmes étaient
« transportés au loin par les vents. D'après ce
« savant pathologiste, de 1398 à 1792, on ne
« compte pas moins de trente épidémies, dont
« quelques-unes ont eu une durée de cinq à
« sept ans.

« Les villes qui avaient encore au moyen

« âge une importance assez grande sur le lit-
« toral, telles qu'Arles, Aigues-Mortes, Saint-
« Gilles, Frontignan, décroissent rapidement.
« Dans la ville d'Arles, que nous avons vue si
« florissante, l'influence des marais entrete-
« nait, dit Papon, historien de la Provence, des
« maladies qui dévoraient périodiquement les
« habitants pendant trois mois de l'année. Il
« parle de la cruelle épidémie qui régna dans
« cette ville, ainsi que dans tout le reste de la
« Provence, en 1773 et 1774.

« La ville d'Aigues-Mortes, remarquable dès
« le commencement du XII⁰ siècle par son im-
« portance maritime et son commerce, était de-
« venue en 1279, sous le règne de Philippe III
« successeur de saint Louis, tellement insalubre,
« que l'on craignait l'émigration entière des
« habitants; malgré les efforts de l'autorité
« royale, malgré les sacrifices et les priviléges,
« sa décadence fut rapide. Sa population n'était
« en 1744 que de quinze cents âmes. D'après
« M. Vigne-Malbois, les fièvres y tenaient leurs
« assises printanières; pendant l'épidémie de
« cette année, il mourait cinq ou six personnes
« par jour.

« Saint-Gilles avait, au x⁰ siècle, une popula-

« tion considérable, puisque la ville et ses fau-
« bourgs contenaient trente-trois mille feux.
« Elle avait un port ; elle était prospère. Sous
« le coup des fièvres paludéennes et des épi-
« démies, elle dépérit rapidement. La popula-
« tion fut successivement réduite à cinq mille
« âmes, à peu près ce qu'elle est de nos jours.

« Frontignan avait aussi son port ; les navires
« passaient par le grau, en face de cette ville,
« pour venir à ce port et à ceux de l'étang de
« Thau : Mèze, Marseillan, Balaruc. Frontignan
« possédait encore au XVe siècle cinquante
« bateaux à voiles latines ; sa population était
« de six mille habitants ; elle n'en a plus que le
« tiers aujourd'hui. La mortalité y a été quel-
« quefois si considérable que, au rapport de
« Chaptal, on s'est vu obligé, une année, de lais-
« ser les morts pendant quelques jours sans les
« inhumer, faute de bras, et qu'au mois d'août
« on ne comptait que deux personnes qui n'eus-
« sent pas été malades.

« Il en a été ainsi de Mauguio, Pérols, Mire-
« val, Vic et Villeneuve, où la mortalité s'est
« accrue dans de fortes proportions (1). »

---

(1) Voici quelques détails et d'autres faits qui viennent à

La citation précédente peut être résumée ainsi :

---

l'appui de cette citation. Nous les avons empruntés **en partie à un ouvrage de M. Jules Tessier-Roland, ayant pour titre : *Du service hydraulique en France, de son importance et de son avenir*. Nîmes, 1840.**

L'origine de Maguelonne se perd dans la nuit des temps ; sa prospérité commerciale a duré plus de quinze siècles ; elle a été à son apogée vers le commencement de notre ère. Cette ville ayant été occupée par les Sarrasins, fut prise et brûlée **en 757,** par Charles Martel, qui voulut enlever aux ennemis de la chrétienté un dernier refuge, d'où ils portaient la dévastation dans les contrées voisines. Après la destruction de Maguelonne, son grau continua à être ouvert au commerce, mais il fut complétement ensablé six ou sept cents ans plus tard.

Il est impossible de révoquer en doute l'exhaussement du fond des étangs du département de l'Hérault. Celui de Thau qui est resté le moins insalubre, a seul conservé une certaine profondeur. Les autres ne sont plus navigables, même pour les plus petits bâtiments. Cependant on possède de nombreux documents qui prouvent que les navires de mer les ont parcourus pendant un long espace de temps.

La ville de Montpellier s'est livrée au commerce maritime pendant près de six cents ans, à partir du xie siècle. Les navires passaient de la mer dans les étangs par les graux, alors assez profonds pour cette navigation ; des étangs, ils entraient dans un canal appelé *la Roubine*, qui les conduisait jusqu'au port de Lattes ; de ce point, les marchandises étaient transportées par voie de terre jusqu'à Montpellier.

D'après le chevalier de Clairville, des bâtiments marchands dont le tirant d'eau était de 2 mètres à 2^m,60, ont alimenté jusqu'à la fin du xviie siècle le commerce maritime de Frontignan ; ils arrivaient devant cette ville en passant par le grau de Palavas, qui n'avait alors besoin d'aucun entretien.

L'étang de Mauguio pouvait porter en 1760 les barques qui parcouraient le canal des deux mers, et en 1820, lorsque le canal

1° Pendant la plus grande partie du moyen
âge, à une époque antérieure sous la domina-

---

latéral a été entrepris, la navigation y était devenue impossible.

La profondeur d'eau du Petit-Rhône a diminué comme celle des étangs et des graux. Au moyen âge, les vaisseaux et les bâtiments de mer se rendaient sans obstacle à Saint-Gilles et trouvaient une retraite assurée dans le lit du fleuve. Ils stationnaient sur la rive gauche, vis-à-vis de la ville, à l'endroit qui conserve encore le nom de port, et qui fut extrêmement fréquenté dans le xie et le xiie siècle. Aujourd'hui, le Petit-Rhône n'aurait pas assez de fond pour des navires dont le tirant d'eau serait, comme celui des anciennes galères de Gênes, de $2^m,60$ à $2^m,80$.

Ces grosses galères ou grandes nefs fréquentèrent les graux et les étangs de cette partie du littoral pendant tout le moyen âge. On lit dans l'abrégé de l'histoire de Pise qu'en 1166, les Pisans brûlèrent dans les graux de Melgueil cinq grandes nefs vides, et en prirent une bien chargée. Or ces navires étaient de fortes dimensions; car la nef que montait saint Louis à son retour de la Terre-Sainte renfermait plus de huit cents personnes. Les statuts de Marseille en désignent qui portaient plus de mille passagers.

L'histoire de Narbonne (Aude) présente des faits entièrement semblables aux précédents et même plus remarquables. Il en sera question avec détails dans la note C.

Ainsi qu'on le voit, un ensablement des graux et des étangs littoraux d'une partie du midi de la France, remontant seulement à quelques siècles, ne peut être l'objet d'aucun doute. La décadence des lieux par le fait de cet ensablement et de l'insalubrité qui en a été la conséquence, n'est pas moins certaine.

L'ancien Mauguio ou Melgueil avait titre de comté et frappait monnaie dans le xe siècle. Sa population ne surpasse pas maintenant deux mille âmes.

Pérols a vu le nombre de ses habitants diminuer successive-

tion romaine, enfin dans des temps encore plus reculés dont la durée très-longue ne saurait être fixée d'une manière précise, le littoral de la France situé à l'ouest de l'embouchure du Rhône, a joui d'une salubrité parfaite. Ses étangs avaient beaucoup d'eau et communiquaient avec la mer par des graux profonds, constamment ouverts à la navigation ; ses villes étaient très-peuplées et florissantes par leur commerce.

2° A une certaine époque, qui correspond à peu près à la fin de la période historique nommée le *moyen âge*, la profondeur des étangs a diminué successivement ; les graux ont commencé à s'ensabler et sont devenus peu à peu inaccessibles aux bâtiments, ce qui a ruiné le

---

ment des deux tiers et aurait même indubitablement perdu sa population entière sans les travaux ordonnés par l'administration puissante de Napoléon, qui fit ouvrir la communication interrompue de son étang avec la mer.

Miraval, autrefois le séjour des rois de Mayorque, n'est plus aujourd'hui qu'un triste village. Vic n'est occupé que par quelques habitants languissants, au teint livide. La population de Villeneuve est décimée par les fièvres. Celle d'Aigues-Mortes reste stationnaire, malgré les milliers d'hommes que les salines, la pêche et le commerce, amènent tous les ans. Les maisons, les fermes, toute la campagne, aux environs des étangs, sont marquées au coin de l'insalubrité et presque de l'abandon.

commerce maritime des villes voisines. En même temps que cette révolution s'accomplissait, des marais prenaient naissance aux environs, les étangs devenaient des foyers d'infection, des fièvres régnaient de tous côtés. Le pays a été alors abandonné par la plupart de ses habitants, frappés à la fois dans leur santé et dans leurs intérêts matériels.

On voit que c'est exactement ce qui est arrivé sur la côte orientale de la Corse, à cela près que si, dans les deux pays, on compare ce qu'étaient les lieux dans leur période de prospérité à ce qu'ils sont devenus depuis que la maladie et la ruine les ont envahis, le contraste est encore plus grand en Corse que sur le continent.

Hypothèse d'un soulèvement graduel du sol pour expliquer les ensablements. — Il nous reste à répondre à une question qui n'est pas la moins importante de celles que nous nous sommes proposé de traiter. D'où sont venus ces ensablements qui ont été si funestes à une partie des côtes de la Corse et de la France méridionale? La solution de ce problème n'est pas seulement digne de l'attention des savants, elle intéresse aussi à un haut degré l'avenir de nos populations maritimes. Il n'y a pas à en douter : des pays situés sur les bords de la mer peuvent être parfaitement sains, leurs ports être sûrs et d'un excellent mouillage, leur commerce maritime se développer et atteindre un haut degré de prospérité; puis, sans que rien le fasse prévoir, il pourra arriver que tous ces avantages, après avoir duré des siècles, s'évanouissent peu à peu, et que, sous l'empire d'une cause inconnue, irrésistible, ils soient remplacés par la ruine, la maladie et la mort. N'est-ce pas là une épée de Damoclès suspendue sur chacun de nos ports, et n'y a-t-il pas un intérêt extrême à éclaircir un pareil mystère? L'explication que nous allons proposer paraîtra sans doute extraordinaire au premier abord; nous espérons cependant qu'à l'aide des développements dans lesquels nous allons entrer, on finira par la trouver vraisemblable.

Les ensablements qui ont commencé, vers la fin du moyen âge, à envahir une partie des côtes de la Corse et du midi de la France, sont, suivant nous, la conséquence d'un soulèvement graduel du sol, lequel n'est lui-même qu'un cas particulier d'un autre phénomène encore plus général, connu sous le nom d'*oscillations lentes de l'écorce terrestre.* Afin de mettre de l'ordre dans ce que nous aurons à dire sur ce sujet, nous exposerons d'abord en peu de mots les faits qui ont conduit les géologues à admettre la réalité de ces oscillations lentes dans les temps historiques. Nous montrerons ensuite qu'elles peuvent servir à expliquer d'une manière satisfaisante la formation des dépôts sableux dont nous avons parlé. Nous irons même plus loin, et nous ferons voir que cette formation, d'après l'ensemble des circonstances qui l'ont accompagnée, ne peut être que le résultat de l'un de ces mouvements de la surface terrestre, dont l'existence est aujourd'hui hors de doute. Enfin nous essayerons de remonter jusqu'à la cause même de ces mouvements, en nous fondant sur la constitution probable de l'intérieur du globe.

C'est dans le nord de l'Europe, sur les côtes de la Scandinavie, que le défaut de stabilité des continents a été constaté pour la première fois. L'opinion que, dans ce pays, les côtes se soulevaient lentement, a été longtemps populaire avant d'avoir été reconnue vraie par les savants. Les pêcheurs avaient remarqué que des rochers qui, d'après la tradition, ser-

vaient autrefois de lieu de repos aux phoques,
étaient aujourd'hui beaucoup trop élevés au-
dessus des eaux pour que ces animaux pus-
sent les atteindre. En 1820, les gouvernements
de Russie et de Suède nommèrent une com-
mission scientifique pour examiner la question.
D'autres observateurs s'en occupèrent aussi (1).
Il fut constaté qu'en effet certains points des
côtes, rapportés au niveau de la mer, s'étaient
élevés, mais que les lois de cet exhaussement
n'étaient point les mêmes partout et que même,
dans plusieurs lieux, le sol était immobile. Il
a été reconnu aussi que le mouvement, quand
il s'opérait, était en général d'une extrême
lenteur; dans le golfe de Bothnie, par exemple, il a été trouvé de $1^m,5o$ par siècle (2).
D'autre part, il résulte des marques faites au
temps de Linné sur le rivage de la Scanie, à

---

(1) Les savants appartenant à diverses nations, qui ont étudié
la question du mouvement du sol en Scandinavie, et qui tous
l'ont résolue affirmativement, sont très-nombreux. Nous citerons
parmi eux, Berzelius, Lyell, Murchison, Nilsson, de Buch, For-
chammer, Bravais et Charles Martins. Bien avant eux, Celsius,
Linné et Bergmann, avaient admis que le sol de la Suède se sou-
levait.

(2) Il n'est pas vraisemblable que ce mouvement, qui par sa
lenteur n'est comparable à aucun autre dans la nature, ait été
uniforme, ni peut-être même continu.

l'extrémité méridionale de la Suède, que cette partie du littoral s'enfonce graduellement sous les eaux. Le même phénomène se manifeste le long de la côte du Groënland, sur une étendue de plus de 200 lieues. Des constructions élevées dans les parties basses de ce continent ou des îles voisines, ont été submergées ; il a fallu les reculer à plusieurs reprises. On a conclu avec raison de l'ensemble de ces faits que les mouvements dont on avait acquis les preuves, affectaient, non pas la mer dont les variations de niveau auraient dû être partout égales et de même sens, mais bien le sol des rivages, appelé mal à propos *terre ferme*.

Les exhaussements et les abaissements du littoral de la Scandinavie ayant attiré l'attention des observateurs, des recherches ont été entreprises sur un grand nombre de points très-éloignés les uns des autres, afin de savoir si les mêmes faits ne s'y produisaient pas, et l'on est arrivé à ce résultat que le phénomène était à peu près général. Ainsi, pour nous borner à l'Europe, l'instabilité du sol depuis le commencement des temps historiques, a été reconnue en Écosse, en Irlande, sur les côtes occidentales de la France, sur une partie du

littoral italien, principalement entre Amalfi et
le cap de Gaëte, enfin sur les bords de l'Adria-
tique, à Venise et aux environs. Dans quelques
localités, on a acquis les preuves que les
mouvements avaient été oscillatoires, c'est-à-
dire qu'il y avait eu des soulèvements et des
abaissements alternatifs. L'analogie porte à
croire que, partout ailleurs, le même fait aurait été constaté si l'on avait pu embrasser un
laps de temps assez considérable.

Les principales preuves pour les abaissements
de rivages ont été l'existence, au-dessous des
eaux, d'édifices, de routes et d'autres monuments de l'industrie humaine, et quelquefois
celle de forêts devenues sous-marines. Pour
les exhaussements, on s'est appuyé sur la découverte de bancs de coquilles d'espèces encore vivantes et qui semblaient fraîchement
émergées. On a remarqué aussi d'anciennes
falaises que les vagues ne pouvaient plus atteindre et, quelquefois, des navires ou des
barques, enfouis dans la vase sur des points
que la mer avait abandonnés depuis longtemps.
La plupart des observateurs à qui l'on doit la
connaissance de ces faits, se sont assurés en
même temps qu'on ne pouvait les expliquer

par des atterrissements dus au limon des rivières ou à l'action des vagues. Il est donc
aujourd'hui acquis à la science que, dans divers pays, la croûte terrestre éprouve des mouvements extrêmement lents d'exhaussement ou
d'abaissement, et que, sur certains points, ces
mouvements sont alternatifs.

Ainsi que nous l'avons annoncé, ces mouvements oscillatoires, lorsqu'ils ont lieu sur les
bords de la mer, expliquent d'une manière satisfaisante comment des graux, après avoir été
pendant longtemps larges et profonds, peuvent, à une certaine époque, être obstrués
par du sable. Pour le bien faire comprendre,
nous rappellerons que, sur nos côtes, il arrive
assez souvent que des communications nouvelles s'établissent naturellement entre les
étangs et la mer, et que d'autres déjà existantes disparaissent; ce qui indique une lutte
entre des forces opposées qui tendent les unes
à ouvrir et les autres à fermer les graux. Les
premières sont les trop-pleins des étangs, lorsqu'il survient des pluies abondantes, ou encore
les courants d'eau rapides déterminés par les
vents qui soufflent perpendiculairement aux
côtes. Les secondes sont les grosses vagues qui

transportent et accumulent une quantité plus ou moins grande de sable. Si dans une localité, les premières forces restant les mêmes, celles qui tendent à accumuler du sable produisent plus d'effet, il est clair que le résultat de leur lutte changera et que des graux, jusque-là constamment ouverts, s'ensableront en partie, ou même seront complétement fermés. Or ce cas se réalise quelquefois lorsqu'une côte éprouve un mouvement lent d'exhaussement. Il peut arriver en effet qu'un pareil mouvement, en diminuant la hauteur de l'eau près des bords de la mer, rende plus facile et plus abondant le transport des matières meubles du fond. Cela dépend de la manière dont varie l'inclinaison du lit. Supposons des côtes baignées par une mer dont la profondeur croît dans le même rapport que la distance au rivage ou dans un rapport plus grand. Si le fond de cette mer vient à se soulever, une partie de son lit près du bord sera émergée, une autre, de même étendue ou d'une étendue moindre, deviendra accessible à l'action des vagues. Par conséquent, la quantité totale des matières meubles, susceptibles d'être mises en mouvement par celles-ci, n'aura pas augmenté ; elle aura même pu diminuer. Mais il n'en serait plus de même si le lit offrait des contre-pentes, la profondeur de l'eau étant d'ailleurs peu considérable sur un grand espace. Il est aisé de voir que, dans ce cas, un soulèvement du sol aurait pour effet de rendre accessible, presque tout à coup, à l'action de la mer agitée une vaste surface, et qu'en la supposant sableuse, les graux du littoral adjacent pourraient éprouver dans leur nombre et leur manière d'être, des changements très-notables.

Cette circonstance d'un fond de mer sableux, offrant des ondulations et recouvert d'une faible hauteur d'eau sur une grande étendue, s'est précisément rencontrée le long de la côte orientale de la Corse et de celle de l'ancienne province du Languedoc (1). Elle explique comment un mouvement ascensionnel du sol a pu y occasionner les nombreux ensablements qui ont changé la face de ces contrées. Il est bien

---

(1) Nous avons déjà dit, page 85, qu'en face des étangs de la côte orientale de la Corse, le lit de la mer était ondulé, et que son inclinaison moyenne était tout au plus de $0^m,01$. Le long du littoral de l'Hérault, cette inclinaison est, d'après M. Regy, de $0^m,012$ jusqu'à 500 mètres du rivage et seulement de $0^m,0087$ au delà, (Mémoire déjà cité, page 221).

probable que les côtes occidentales de la Corse et celles de la France situées à l'est de l'embouchure du Rhône, ont participé à ce même mouvement. Cependant il n'en est résulté pour elles aucune accumulation extraordinaire de sable sur le rivage, parce que, dans cette partie du littoral, la profondeur de la mer, à mesure que l'on s'éloigne des bords, s'accroît rapidement et d'une manière à peu près uniforme.

Outre qu'un exhaussement des côtes est susceptible, ainsi que nous venons de l'expliquer, d'augmenter la masse totale des matières meubles soumises à l'action des vagues, un pareil mouvement a pour effet immédiat de diminuer la profondeur absolue de l'eau, soit dans les graux, soit dans les étangs avec lesquels ils communiquent. Cela est trop évident pour qu'il soit nécessaire d'entrer à ce sujet dans plus de détails.

Nous venons de montrer qu'en ayant égard à la configuration physique du lit de la mer le long de la côte orientale de la Corse et du littoral de l'ancienne province du Languedoc, les nombreux ensablements dont ces deux pays ont été le théâtre, ainsi que la diminution de profondeur de leurs graux et de leurs étangs,

peuvent parfaitement s'expliquer en admettant
un soulèvement graduel du sol. Nous ajouterons que cette hypothèse est la seule qui se
concilie avec toutes les circonstances qui ont
accompagné le phénomène. En effet, si les ensablements et les diminutions de profondeur
d'eau dont nous venons de parler, n'avaient
pas été la conséquence d'un soulèvement du
sol, il faudrait nécessairement les attribuer au
dépôt des matières alluviennes que charrient
les rivières, ou de celles que l'action de la mer
ajoute quelquefois aux rivages. Mais quand des
atterrissements ont une pareille origine, leur
marche est essentiellement lente. Leurs progrès
sont séculaires, et personne ne peut assigner
l'époque à laquelle ils ont commencé. Cela est
vrai pour les delta du Rhône, du Nil et de tous
les grands fleuves, ainsi que pour les accrois-
sements de rivage dus uniquement à la mer. Or
les accumulations de sable, qui ont obstrué les
graux vers la fin du moyen âge, présentent un
tout autre caractère. Avant cette époque et, pendant une très-longue série de siècles, *elles ont
été complétement nulles.* Cette circonstance, au
premier abord très-extraordinaire, s'explique
facilement, ainsi qu'on va le voir, si l'on admet

une oscillation lente de l'écorce terrestre. Ces
mouvements oscillatoires, d'après tout ce que
l'on en sait, sont très-irréguliers. Un terrain
situé sur le bord de la mer, peut être immobile
ou même s'abaisser graduellement pendant un
laps de temps très-considérable, puis se soulever. Il est clair que, pendant toute la durée de
la première période, il n'y aura aucune raison
pour que des ensablements se produisent ; ils
ne commenceront à se manifester que pendant
la seconde, et même pas immédiatement. Il
faudra que, par l'effet du soulèvement graduel
du sol, la hauteur de l'eau le long du rivage,
devienne assez petite pour que le transport du
sable par le mouvement des vagues soit fréquent et facile ; alors les dépôts apparaîtront
comme tout à coup, et leurs progrès seront
rapides.

Il est une autre circonstance qui prouve que
les ensablements dont nous parlons n'ont pas
été des atterrissements ordinaires : c'est leur
simultanéité et leur généralité. S'ils avaient été
le produit de causes purement locales, ils auraient été séparés entre eux par des intervalles
de temps considérables et irréguliers. Certains
graux, par exemple, se seraient fermés avant les

conquêtes des Romains, d'autres à l'époque de
leur domination, quelques-uns pendant la durée du moyen âge; enfin, il y en aurait qui,
après avoir subsisté jusqu'à nos jours, dispa-
raîtraient sous nos yeux. Mais ce n'est point
ainsi que les choses se sont passées. Il y a eu
une époque en quelque sorte fatale, embras-
sant tout au plus un siècle ou deux, pendant
laquelle *tous* les ensablements ont commencé
et ont fait ensuite des progrès incessants sur
une grande étendue de pays, en Corse, dans
le midi de la France et même ailleurs (1). Ce
fait indique une cause générale, agissant en
même temps sur des points très-éloignés : ce
ne peut-être qu'un soulèvement du sol.

*Cause vraisemblable des oscillations lentes de
la croûte terrestre.* — Il nous reste à indiquer,
autant que possible, à quelle force on doit attribuer ces oscillations lentes de l'écorce ter-

---

(1) La région littorale de la Toscane, nommée les *Maremmes*,
a été autrefois, pendant une longue série de siècles, un pays
très-sain et très-peuplé. Son insalubrité est moderne et paraît
dater du *moyen âge*, (voyez le rapport déjà cité de M. de
Prony.) Elle doit être attribuée vraisemblablement aux mêmes
causes que celle d'une partie des côtes de la Corse et du midi
de la France.

restre, qui, ainsi qu'on vient de le voir, inté-
ressent à un haut degré les habitants des bords
de la mer. Suivant nous, elles sont dues à
l'expansion des gaz et des vapeurs qui se forment sous l'influence de la chaleur centrale.
L'existence de cette chaleur est aujourd'hui
appuyée sur tant de preuves, qu'elle n'est ré-
voquée en doute par personne. Cependant elle
ne suffit pas pour nous dévoiler la constitution
physique de l'intérieur du globe. On peut faire
à cet égard plusieurs hypothèses. Celle qui
nous paraît la plus vraisemblable et la mieux en
harmonie avec les faits connus directement par
l'observation, est d'admettre :

1° Un noyau central à une très-haute température, liquide ou peut-être seulement en
partie liquide, le reste étant solide à cause de
l'énorme pression à laquelle il est soumis ;

2° Une écorce solide, dont la température
croît avec la profondeur, et qui est en contact
immédiat par un grand nombre de points
avec le noyau central ;

3° Des espaces vides, plus ou moins étendus,
situés entre le noyau et l'écorce solide.

Ces espaces intermédiaires, que nous allons
considérer plus spécialement, doivent être

remplis de vapeurs et de gaz dont la formation est facile à comprendre. D'abord, il est probable que l'eau de la mer pénètre jusque dans les entrailles de la terre par les nombreuses fissures dont elle est traversée, et que là, trouvant une température extrêmement élevée, elle se vaporise malgré la pression. Il est possible, en outre, qu'elle y rencontre des matières non oxygénées et qu'elle se décompose à leur contact en donnant lieu à des productions de gaz. Il est à présumer, d'un autre côté, que l'Océan de feu de l'intérieur du globe est traversé par des courants qui en mêlent les diverses parties : celles-ci n'étant pas toutes de même nature, ce doit être une autre source de réactions chimiques. Enfin une cause encore plus générale, et non moins puissante que les précédentes, agit dans le même sens. Par l'effet du refroidissement incessant du globe, il y a à chaque instant des masses minérales liquides qui passent à l'état solide, et qui, par suite, expulsent nécessairement de leur sein les matières gazeuses qui y sont en dissolution. Pour toutes ces raisons, les espaces que l'écorce terrestre et le noyau central laissent entre eux, sont certainement remplis de gaz et de vapeurs. Il

n'est pas moins certain que la tension de cette
atmosphère souterraine doit être excessive,
soit parce que sa température est très-élevée,
soit surtout à cause de l'accumulation des sub-
stances gazeuses produites par le jeu irrésistible
des affinités chimiques. Jusqu'à ce jour, il a été
impossible de liquéfier les gaz que l'on nomme
permanents, tels que l'oxygène, l'hydrogène,
l'azote, etc. Imaginons une enceinte fermée de
tous côtés et d'une résistance indéfinie. Supposons que, dans son intérieur, il se dégage
sans cesse des gaz permanents, par l'effet de
réactions que rien ne saurait empêcher. Il se
produira alors une pression incalculable, dont
la tension des gaz et des vapeurs qui résultent de la combustion de la poudre remplissant
un vase clos, peut seule donner une idée.
D'après les expériences de Rumfort, elle peut
être égale à 50.000 atmosphères. Admettons
que cette force expansive n'est pas surpassée
par celle que produit la nature dans son labo-
toire souterrain ; un calcul très-simple prouve
qu'elle sera suffisante pour soulever la croûte
terrestre. On peut supposer, sans s'écarter beaucoup de la vérité, que le poids d'une atmosphère équivaut à celui d'une colonne de

l'écorce solide du globe qui aurait 4 mètres de
hauteur, vides compris. Par conséquent, avec
une pression de 3o.ooo atmosphères, on sup-
porterait l'écorce entière, en lui attribuant une
épaisseur de 12 myriamètres. D'après les calculs de M. Cordier (1), c'est tout au plus si
moyennement elle en a 10 ; la force dont nous
parlons serait donc plus que suffisante pour
faire équilibre à son poids. Il est vrai que pour
la soulever, il faudrait vaincre, outre sa pesanteur, sa résistance à la flexion. Mais nous ferons observer que, suivant toutes les probabi-
lités, la surface interne de l'enveloppe solide
du globe présente des fissures profondes, qui
permettent aux gaz à haute pression de
s'approcher beaucoup de la surface externe.
Il est possible, par exemple, que, sur certains points, leur distance à cette surface
soit réduite à 3 ou 4 myriamètres. Dans ce
cas, la pression exercée contre les masses minérales l'emporterait tellement sur leur poids,
qu'elles pourraient être soulevées avec lenteur
en s'étirant. Dans l'hypothèse où nous venons
de nous placer, de très-petites portions de la

---

(1) *Annales des Mines*, 2ᵉ série, tome II, 1827, page 125.

croûte terrestre seraient seules susceptibles
d'être ébranlées par les forces souterraines ; ce
qui expliquerait pourquoi certains lieux restent immobiles, tandis que d'autres qui en
sont peu éloignés, s'élèvent ou s'abaissent. Il
ne serait pas difficile non plus de comprendre
pourquoi ces deux espèces de mouvement al-
ternent en général, mille causes pouvant avec le
temps faire varier la tension des gaz sur le
même point et, par suite, rendre la puissance
tantôt plus forte, tantôt plus faible que la résistance.

Nous n'ajouterons plus qu'une réflexion générale à nos conjectures. Il est certain que
pendant les anciens âges du monde (1), l'é-
corce solide du globe était beaucoup moins
épaisse que de nos jours. Pour cette raison, la
force expansive des gaz souterrains était alors
assez puissante pour soulever de vastes continents, et faire surgir des chaînes de montagnes ;
mais depuis que cet Encelade géologique est
comme accablé sous le poids des matières soli-
difiées que le refroidissement continu du globe

---

(1) Nous y comprenons la période quaternaire. Sa durée
paraît avoir été excessivement longue, et a peut-être surpassé
celle de l'une quelconque des périodes antérieures.

a considérablement accrues, tous ses efforts
n'ont pas d'autre résultat que de produire de
petits mouvements, les uns brusques et de
très-courte durée, les autres extrêmement
lents, mais prolongés pendant des siècles. Les
mouvements brusques sont les tremblements
de terre (1); les mouvements lents consistent
en oscillations d'une faible amplitude qui, étant
presque insensibles, ont pour cette raison
longtemps échapé à l'observation.

Les éruptions volcaniques sont aussi attribuées avec raison au feu central. On sait que
les gaz souterrains y jouent un rôle important (2). Le phénomène des éruptions, comme
celui des mouvements du sol, a été autrefois
beaucoup plus intense, plus varié et plus général que de nos jours. Sans parler des roches
dites plutoniques ou d'épanchement dont une
partie de la croûte terrestre est composée, on

---

(1) Depuis longtemps, on a exprimé l'opinion que les tremblements de terre étaient dus à des courants de gaz d'une tension excessive, qui imprimaient un mouvement de trépidation à
la croûte terrestre.

(2) La tension des gaz à l'intérieur de la terre ne peut pas
s'accroître indéfiniment parce que, ainsi que cela a été dit avec
raison, les volcans actuels jouent le rôle de soupapes de
sûreté.

observe des produits volcaniques proprement
dits dans une foule de lieux où, depuis les
temps historiques, il n'a jamais existé de volcans.

Conclusion. — Le fait le plus important de
ceux que nous avons exposés dans cette note,
celui autour duquel les autres viennent se
grouper, peut être énoncé ainsi : Pendant tout
le temps que les étangs littoraux de la côte
orientale de la Corse et du midi de la France
ont communiqué librement avec la mer, les
contrées environnantes ont joui d'une salubrité parfaite; lorsque les graux ou canaux
de communication ont commencé à s'ensabler,
la santé publique a commencé elle-même à
décliner; elle a été tout à fait compromise
quand l'ensablement a été complet. Nous en
tirons cette conclusion, qui nous paraît rigoureuse : pour faire renaître la salubrité là où
elle a disparu, *il faut par tous les moyens possibles créer de nouvelles communications entre
les étangs et la mer*, afin de remplacer celles
qui ont cessé d'exister. Ainsi que nous l'avons
dit précédemment, l'application d'un pareil
remède n'offre pas des difficultés insurmontables et, même, il y a de grandes chances pour

que l'on arrive à d'heureux résultats. En ce
qui concerne la Corse, si les efforts tentés
obtiennent du succès, la récompense sera magnifique : on aura sauvé de malheureux cultivateurs qui, placés dans la dure nécessité de
renoncer à des propriétés qui sont leurs seuls
moyens d'existence, ou bien de s'exposer à la
maladie et à la mort, ont préféré prendre ce
dernier parti; on aura rendu à l'agriculture
et à l'industrie des terrains précieux et d'une
immense étendue, dont les produits accroî-
tront d'une manière sensible la richesse publique ; une ère nouvelle aura été ouverte pour la
Corse, car la régénération de la côte orientale
entraînera celle de l'île entière. Quant à Aléria,
la partie de la plaine où cette ville a existé,
est toujours celle qui offre le plus de ressources: son territoire n'a rien perdu de son
admirable fertilité ; son climat n'a pas cessé
d'être compté parmi les plus heureux, ni son
ciel d'être magnifique ; à l'aide de quelques
travaux entrepris à l'embouchure du Tavignano,
on pourrait y créer un port qui remplacerait
celui de l'étang de Diane. En un mot, pour
nous servir d'une comparaison physiologique,
tous les organes essentiels de la vie vigoureuse

dont a joui autrefois l'antique cité romaine
établie dans ces lieux, sont demeurés intacts ;
l'insalubrité seule en empêche le jeu. Qu'on la
fasse disparaître, et nous assisterons à un spectacle digne des merveilles de notre temps :
nous verrons Aléria sortir de son tombeau,
non pas l'ancienne Aléria avec ses institu-
tions vicieuses et même barbares de l'antiquité ou du moyen âge, mais une Aléria nouvelle, brillante de jeunesse, qui offrirait le
tableau de tous les progrès que nous avons
réalisés. La civilisation moderne viendrait,
comme une fée, la saluer à son berceau et lui
faire mille dons puisés dans le trésor des arts,
des sciences et de l'industrie. Au bout de peu
de temps, elle prendrait place parmi les villes
les plus belles des bords de la Méditerranée.

APPENDICE.

L'histoire d'Aléria occupe une si grande place dans la note précédente que nous croyons être agréable au lecteur en y ajoutant, d'après M. Prosper Mérimée, la description de ce qui nous reste de cette ville. Nous y joindrons les observations du même archéologue sur la *Canonica*, église ruinée du moyen âge, seul monument existant sur l'emplacement de l'ancienne Mariana.

RUINES D'ALÉRIA ET DE MARIANA

par M. Prosper Mérimée (1).

ANTIQUITÉS ROMAINES. — Dans la plaine de Mariana, dans celle de Sagone et dans la plaine du Liamone, près de l'embouchure de cette rivière, j'ai observé des fragments de tuiles à crochets, très-nombreux dans la première localité, très-rares dans

______

(1) Voyez les *Notes d'un voyage en Corse*, in-8°, Paris, 1840. Cet ouvrage est devenu rare.

les deux dernières. Sur l'emplacement de la ville d'Aléria, ces débris sont plus abondants que dans aucun autre endroit de l'île. On y trouve aussi quantité de tessons de poterie noire et rouge, quelquefois très-fine, souvent ornée de reliefs. On y recueille également des morceaux de verre antique, quelques fioles, des fragments de marbre, de petits objets en bronze, la plupart brisés et provenant d'instruments très-grossiers, des médailles et quelque pierres gravées. J'ai recueilli moi-même une moitié de meule de moulin en lave. Plus heureux que moi, M. Vogin ingénieur des ponts et chaussées, a trouvé une petite tête de statue en marbre blanc d'un assez bon travail, probablement du Bas-Empire. Enfin, j'ai remarqué dans les murs du village moderne d'Aléria, quelques tronçons de colonnes, en bien petit nombre à la vérité, et de gros blocs de pierre, provenant évidemment d'édifices antiques. Ces débris, si communs sur l'emplacement de la plupart des villes romaines, sont rares à Aléria, et je n'en connais pas d'autres dans le reste de l'île, si ce n'est dans la plaine de Mariana, où j'ai cru reconnaître un travail romain dans quelques colonnes de granit et dans les archivoltes appliquées autour de l'apside de la petite église de San-Perteo.

Ruines d'Aléria (*époque incertaine*). — L'ancienne ville, ainsi que le fort moderne autour duquel se groupent quelques maisons, est située, non loin de la mer, sur une éminence assez escarpée au nord et qui s'abaisse graduellement vers l'est. Le Tavignano (Rhotanus des anciens), rivière peu profonde, mais assez large, coule au nord de la ville et se jette dans la mer à trois quarts de lieue du port. Au nord, l'étang de Diane (nom remarquable), au sud, les étangs delle Sale et d'Urbino, passent pour rendre la côte très-malsaine. De fait, aussitôt après la moisson, le village devient désert et la fièvre attend immanquablement quiconque s'aviserait d'y passer la nuit. Lorsque je visitai Aléria, je n'y trouvai qu'un vieillard souffreteux, que les propriétaires payent pour garder le blé renfermé dans les maisons. Le fort même et le poste de la douane étaient abandonnés. La plaine est d'ailleurs très-fertile, bien que le terrain soit sablonneux, et l'on peut juger de sa bonté à la hauteur et à la vigueur du makis qui couvre tous les endroits où la charrue n'a point passé depuis peu. Les remparts, reconnaissables sur beaucoup de points, suivent en partie les contours de la colline, et il semble que la ville fut divisée en deux quartiers, car les substructions d'une muraille séparent le plateau supérieur d'une autre enceinte au nord, du côté du Tavignano. Probablement cette dernière partie était un faubourg réuni plus tard à la ville. Les murailles sont épaisses, d'appareil incertain, très-grossières, flanquées de tours rondes. Je n'ai vu nulle part le moindre vestige de parement et, autant qu'il est possible de juger de ruines aussi informes, elles m'ont paru avoir plus d'analogie avec des murs du moyen âge qu'avec des remparts romains. C'est à l'intérieur de cette enceinte, aujourd'hui cultivée en blé, qu'on trouve les médailles et les poteries dont j'ai parlé.

En se se dirigeant au S.-S-E. du fort, on aperçoit d'abord un pilier carré avec deux amorces d'arcades, élevé de terre d'à peu près 3 mètres, revêtu d'un parement d'appareil réticulé, interrompu vers le milieu du pilier, non point par des briques, mais par une assise de gros moellons bien taillés. A mon avis, il n'est pas douteux que ce ne soient les débris d'un édifice romain, d'un portail ou bien d'un portique. Mais aussitôt se présente un problème bizarre. Fort près du pilier, mais dans un alignement irrégulier par rapport à celui-ci, on trouve une enceinte carrée en ruines, d'environ 40 mètres sur 30, qui semble d'une époque et d'un travail tout différents. On la nomme la *Sala reale*. Il est difficile de s'expliquer comment le portail ou le portique dont il reste un pilier, a pu exister en même temps que l'enceinte, et cependant cette enceinte est évidemment plus moderne. En la bâtissant sur son alignement actuel pour quelque raison qu'on ne peut deviner aujourd'hui, on a conservé les arcades préexistantes en dépit de leur direction.

L'appareil de l'enceinte est plus irrégulier et plus grossier encore que celui des murs de la ville. C'est un *opus incertum*, auquel on a tâché de donner l'apparence d'un parement en plaçant les pierres à l'extérieur du côté le moins rude. En quelques points, les murs de cette enceinte s'élèvent à $1^m,50$ et sont épais d'au moins $0^m,90$; ailleurs ils dépassent à peine le niveau du sol ; partout pourtant le périmètre en est bien reconnaissable. On ne voit de porte nulle part, sinon la double arcade dont j'ai parlé.

Vers le milieu du mur qui fait face au nord, se trouve une ouverture pratiquée depuis peu, me dit-on, par laquelle on entre en rampant dans un souterrain long de 10 mètres environ, large de 4, de même appareil que l'enceinte, mais dont la voûte mérite une description détaillée. Sa forme surbaissée se rapproche un peu de l'arc Tudor ou à quatre centres; toutefois la courbe est encore plus déprimée et elle pénètre sous un angle droit les murs latéraux, tandis que l'arc à quatre centres se lie par une courbe aux pieds-droits qui le portent. D'ailleurs, la voûte de ce souterrain est si maladroitement exécutée que son profil varie tous les 2 ou 3 mètres. On reconnaît qu'elle se compose d'un blocage jeté avec beaucoup de ciment sur des planches posées presque au hasard, de façon à former plutôt un polyèdre irrégulier qu'une courbe précise. L'enduit ou le ciment qui unit les pierres, porte l'empreinte de ces planches raboteuses et fort iné_ gales sur lesquelles il s'est consolidé. On en observe les joints très-distinctement. Il paraît encore qu'on n'a pris aucune précaution pour qu'elles fussent placées de même niveau dans le sens de la longueur de la voûte. Au point de jonction, il y a une différence de plusieurs centimètres entre les portions de l'intrados.

Quoique fort encombré de terre et de gravois, le souterrain a encore sous clef une hauteur d'environ 1^{m},60. Les gens du village d'Aléria ont percé les murs latéraux en plusieurs endroits dans l'espérance de trouver un trésor : inutile de dire qu'ils n'ont pas réussi. J'oubliais de noter une singularité, c'est qu'on ne voit nulle part la porte de ce souterrain, en sorte qu'on pourrait le croire bâti uniquement pour rendre moins humides les constructions qui s'élevaient au-dessus.

A mon avis, la *Sala reale* ne peut être un ouvrage

des Romains, car même dans le temps de la plus grande décadence, leurs édifices les moins considérables étaient bâtis avec plus de soin ou, pour mieux dire, avec moins de négligence. Assigner une époque à ces bizarres substructions n'est point une chose facile, et je ne le tenterai pas avant d'avoir comparé leurs caractères à ceux d'une ruine voisine que l'on nomme le cirque et qui est au moins aussi délabrée.

A 400 ou 500 mètres de la *Sala reale* existent quelques pans de murs et de substructions, dont la forme en ovale arrondi donne l'idée d'un petit amphithéâtre. On distingue trois enceintes concentriques; mais dans l'état de ruine où elles se trouvent, il est bien difficile de suivre exactement leur périmètre. Tantôt l'enceinte extérieure s'élève à 1ᵐ,50 au-dessus du sol, tantôt elle disparaît complétement, et c'est l'enceinte moyenne ou intérieure qui sort de terre et qui s'est conservée. De grands pans de murailles tombés tout d'une pièce en dedans et en dehors, une masse énorme de pierres détachées de la terre et des broussailles touffues, ajoutent encore à la difficulté de reconnaître exactement la forme primitive de l'édifice. Je crois cependant que le grand axe de l'ovale était de 23 mètres; le petit de 19 à 20 en œuvre. Entre les enceintes règnent deux *précinctions*, couloirs d'environ 3 mètres de largeur; mais je n'ai pu découvrir trace de gradins; de voûtes ou d'arcades, pas davantage, si ce n'est vers le nord où l'on voit une amorce d'arcade ou de voûte avec quelques claveaux en briques. Peut-être ai-je tort de me servir du mot *claveaux*, car ce n'est à vrai dire qu'un *opus incertum* dans lequel on a jeté des briques et des tuiles cassées au lieu de pierres.

Pour la rudesse et la mauvaise construction, l'appareil de ces murs ne diffère point de la *Sala reale*, si ce n'est qu'on y observe un plus grand nombre de grandes tuiles à crochets de 2 pieds de long, mais généralement brisées et disséminées sans ordre. Dans une portion de la muraille, du côté sud seulement, on aperçoit comme une intention d'établir un cordon de briques régulier. Toutefois il ne paraît que sur une longueur de 3 à 4 mètres et se perd aussitôt dans l'*opus incertum* composé de morceaux de schiste bruts, de cailloux roulés tirés du Tavignano et çà et là, mais rarement, de grosses pierres taillées, ébréchées sur leurs angles, provenant évidemment d'édifices plus anciens. Tous ces matériaux sont unis avec un ciment très-épais, d'une solidité remarquable. A la base des murs, on observe un crépi blanchâtre qui porte l'empreinte d'un moule en planches absolument semblable à celui que j'ai décrit tout à l'heure.

Ce cirque, car je ne puis trouver une autre destination, est bâti sur un terrain accidenté, escarpé au nord-est et s'abaissant vers l'ouest.

Peut-on attribuer aux Romains des constructions aussi grossières? Je ne le pense pas. Le motif qui détermine mon opinion n'est point l'absence d'un parement qui, en raison de l'emploi du schiste, eût été d'une exécution difficile; mais je ne puis admettre qu'à aucune époque les Romains aient à ce point mis en oubli toutes leurs pratiques. Dans les pays où ils n'ont point trouvé de matériaux convenables, ils les ont remplacés par des briques ou par des tuiles mêlées régulièrement à l'*opus incertum*. Enfin le pilier de la *Sala reale* est une preuve qu'ils n'ont point abandonné en Corse leur système ordinaire de construction.

Supposer que cet amphithéâtre soit un reste de la ville grecque ou étrusque d'Aléria, me paraît encore moins soutenable, car les tuiles à crochet et les pierres taillées mêlées à l'appareil ne peuvent provenir que d'édifices romains.

L'emploi des formes en planches entre lesquelles on a pour ainsi dire moulé les murailles et qui se retrouve dans les plus anciennes constructions moresques de Cordoue et de Grenade, me feraient soupçonner que ces ruines sont d'origine arabe. Aléria fut occupée pendant assez longtemps, et à plusieurs reprises, par les Maures. Les premiers corsaires, qui la prirent, la saccagèrent de fond en comble, mais lorsque le nombre de leurs compatriotes s'accrut, ils durent chercher à relever les ruines romaines et à s'y établir. Passionnés pour les courses de taureaux et les luttes d'hommes, il ne serait pas extraordinaire qu'ils eussent bâti ou même seulement restauré l'amphithéâtre. De ses proportions toutes mesquines, on peut conclure que la population d'Aléria était très-faible à l'époque où il fut construit, car je ne suppose pas qu'il ait jamais pu contenir plus de deux mille spectateurs (1).

On assure que vers l'embouchure du Tavignano, on a reconnu sur le sable les ruines d'un môle

---

(1) J'ai attribué ces constructions aux musulmans, mais elles peuvent encore être l'ouvrage des chrétiens du viie ou viiie siècle, époque de barbarie s'il en fut.

construit de gros blocs; d'après d'autres rapports, ce seraient les piles d'un pont établissant une communication entre Aléria et l'étang de Diana. Un port serait fort mal placé à l'embouchure du Tavignano, et l'opinion qui place le port d'Aléria dans l'étang de Diana me paraît plus plausible. La profondeur de l'eau, la hauteur des rives le rendent propre à cette destination. On sait qu'il communique à la mer par un goulet étroit. Quelquefois, dit-on, on tire de cet étang des anneaux de fer et des morceaux de plomb. Questionné sur ce point, l'unique habitant d'Aléria m'affirma qu'il avait souvent ramassé des morceaux de plomb, mais qu'il n'avait jamais vu d'anneaux. Il pensait que le plomb provenait des filets à pêcher, car il ne différait en rien pour la forme de celui qu'on emploie aujourd'hui pour le même usage. Au reste, on trouve encore des tuiles romaines à l'embouchure du Tavignano et sur les bords de l'étang de Diana.

RUINES DE MARIANA (*moyen âge*). — La *Canonica*, située dans la plaine de Mariana et dans le lieu où la tradition place l'ancienne colonie de Marius, se trouve maintenant isolée de toute habitation au milieu d'une assez vaste plaine cultivée. Sa toiture est détruite, les portes n'existent plus, mais la maçonnerie est debout et promet encore une longue durée.

L'architecture de la Canonica est d'une grande simplicité qui n'exclut pas l'élégance. C'est une basilique de 32 mètres sur 12, divisée en trois nefs par des piliers carrés fort élevés pour leur diamètre (0^m,55), qui portent des arcades en plein cintre un peu moindres qu'un demi-cercle. L'apparence générale est d'une extrême légéreté, et sous ce rapport, la Canonica se distingue de la plupart des édifices byzantins. Nul ornement aux piliers, si ce n'est une mince moulure sur les tailloirs (1).

Devant l'abside de forme semi-circulaire s'élève une voûte en berceau, couvrant une travée de la nef centrale. Dans les bas-côtés les deux travées correspondantes ont des voûtes d'arètes, dont les retombées s'appuient à des consoles historiées de style byzantin très-barbare. Toutes ces voûtes, ainsi que le cul-de-four de l'abside, sont en plein cintre et construites en blocage ; ce sont les seules existant dans l'église, car le reste de la nef et des bas-côtés n'avait qu'une couverture en charpente. On reconnaît qu'un incendie dont je n'ai pu apprendre la date, mais que je crois très-ancien, avait fortement endommagé toute la partie supérieure de la basilique. Aujourd'hui les traces en subsistent encore dans des réparations exécutées en briques, qui ont remplacé les pierres dans plusieurs travées au N-O de l'église. A cette époque sans doute, on a baissé la toiture et, suivant toute apparence, on a fabriqué une voûte en planches divisée par travées et portée sur des poutres transversales qui s'implantaient dans les murs latéraux, au-dessus des piliers. Du moins on ne peut autrement expliquer la destination de ces trois trous percés au-dessus des piliers et à demi remplis de maçonnerie mo-

---

(1) Elle ne se reproduit pas avec régularité et n'a d'ailleurs ni la grâce ni la richesse de l'architecture romane dans le midi de la France.

derne. D'ailleurs on jugera du peu de soin qui a présidé à ce travail, en observant que cette voûte en planches, dont on suit les traces sur les murs latéraux, devait masquer en partie les fenêtres de la nef.

Ces fenêtres sont assez irrégulièrement espacées et l'on en voit rarement une ouverte dans l'axe de l'arcade. En revanche, celles des bas-côtés répondent exactement à celles de la nef centrale (1) et l'on notera, comme un caractère remarquable, leurs dimensions si étroites qu'elles ressemblent à des meurtrières. A l'exception de la fenêtre percée au centre de l'abside et qui est ornée d'une petite archivolte à trois claveaux en marbre blanc, toutes les autres ont leur amortissement formé d'une seule pierre échancrée en plein cintre. Nous verrons cette disposition se produire en Corse dans presque toutes les églises. Quelquefois le chambranle de la meurtrière est taillé en biseau à l'intérieur comme à l'extérieur (c'est le cas pour les fenêtres de la nef à la Canonica); d'autres fois, elles présentent une suite de plans en retraite qui rétrécissent l'ouverture au centre du mur. Telles sont les fenêtres de l'abside, car cette disposition, un peu plus soignée, semble réservée pour les parties

---

(1) On serait tenté de croire, d'après cette irrégularité, que la nef aurait été reconstruite en entier, les murs latéraux des bas-côtés subsistant seuls après l'incendie. Mais si l'on remarque d'un côté la similarité parfaite de l'appareil, de l'autre les traces de la voûte en bois, construite après l'incendie, on sera forcé de n'attribuer la position excentrique des fenêtres de la nef qu'à la maladresse des ouvriers.

auxquelles on a voulu donner quelque ornementation.

La Canonica a quatre portes : la principale au
milieu de la façade orientale; une autre au milieu
de la façade méridionale; deux autres enfin, l'une
au midi, l'autre au nord, donnant dans l'avant-der-
nière travée des collatéraux (en partant de la façade). Ces deux dernières sont étroites, basses,
carrées, surmontées d'un épais linteau monolithe
dont l'amortissement est décrit par un angle obtus.
Une archivolte renfermant un tympan tout nu, sur-
monte la porte méridionale percée au milieu de
l'église. La porte occidentale a deux archivoltes
sculptées que je décrirai tout à l'heure.

Quatre pilastres divisent la façade dans sa partie
inférieure. Deux, fort larges, répondent aux murs
des collatéraux; deux autres, un peu moindres,
aux piliers intérieurs. Les uns et les autres ont
perdu leur couronnement. Au centre s'ouvre la porte
flanquée de deux petits pilastres que surmontent
des chapitaux écrasés en marbre blanc, à palmettes
grossières. Sur le linteau, on voit d'autres palmettes
avec des entrelacs bizarres. Une autre espèce d'entrelacs formés de cercles qui se coupent, ornent
l'archivolte inférieure. La supérieure, un peu plus
large, présente plusieurs animaux très-grossière-
ment sculptés. On distingue des griffons, un cerf
poursuivi par des chiens, enfin un agneau portant
le labarum. Toutes ces sculptures d'une exécution
très-barbare et taillées dans le nu de la pierre, ont
tous les caractères du style byzantin primitif. Quant
au tympan, il est absolument nu.

A la hauteur du toit des collatéraux, règne une

longue corniche qui divise la façade en deux parties et se prolonge ensuite sur les faces latérales. Au-dessus s'ouvre un œil-de-bœuf très-étroit. Vient enfin le fronton un peu plus obtus que ceux du continent bâtis à la même époque; dans le milieu est une fenêtre ou plutôt une meurtrière en forme de croix. Il se peut que ce fronton, très-délabré dans sa partie supérieure, ait été restauré après l'incendie dont j'ai déjà tant parlé.

Comparé avec la façade si pauvre d'ornementation, l'abside offrira quelque recherche. Neuf pilastres l'entourent, qui soutiennent une arcature en plein cintre surhaussé, appliquée au-dessous de la corniche. Des chapiteaux corinthiens, épannellés seulement et d'un travail très-médiocre, surmontent tous ces pilastres, à l'exception de deux seulement qui sont historiés et d'une exécution encore plus barbare. A vrai dire, ce sont de petits bas-reliefs taillés dans le nu de la pierre : l'un, au côté sud de l'abside, représente deux griffons; l'autre, au nord, un taureau avec une étoile devant lui. Peut-être doit-on considérer ce taureau comme un signe symbolique, indiquant le mois de la fondation ou de la consécration de l'église; peut-être n'est-ce qu'un simple caprice.

Entre chacune des arcades figurées qui retombent sur les pilastres, on en voit deux autres plus petites, également cintrées. Cette arcature, qui forme le motif de décoration le plus ordinaire en Corse, rappelle certaines constructions de l'Italie et des provinces rhénanes. C'est encore une arcature qui orne les rampants du fronton oriental. Tous les arcs sont en plein cintre surhaussé et s'appuient sur des modillons de forme bizarre, qui figurent une espèce de bec ou de crochet sortant d'une petite console surmontée par un tailloir. Les modillons de la nef sont variés de forme, mais un seul présente quelque tentative d'ornementation ; c'est une tête grimaçante d'ailleurs fort mal sculptée.

L'appareil de la Canonica est remarquable ; il se compose d'un *opus incertum* revêtu à l'intérieur, comme à l'extérieur, d'un placage de dalles placées alternativement à plat et de champ. Ces dalles, très-régulièrement taillées et assemblées avec une précision singulière, sont d'un grès siliceux, à grain très-fin et d'une grande dureté. C'est sur la même pierre qu'ont été exécutées les sculptures des archivoltes et du linteau de la façade. De loin ces assises, alternativement minces et épaisses, se distinguent facilement à la manière différente dont elles réfléchissent la lumière, peut-être aussi parce les lichens s'attachent avec plus de facilité sur la pierre placée dans un sens que dans un autre. Il en résulte l'apparence d'une alternance de couleurs. Les piliers de la nef sont construits de même, mais leurs assises se composent uniquement de dalles de grès siliceux.

Près de l'abside et du côté du sud, on remarque trois grandes dalles encastrées dans le mur, comme au hasard, et qui ne m'ont pas semblé à leur place. Elles sont chargées d'ornements, étoiles, losanges, cercles concentriques, etc., taillés en creux et remplis d'un mastic ou d'une pierre verdâtre très-foncée. Il serait possible qu'elles provinssent du fronton primitif de l'église, car on se souvient que le fronton actuel porte des traces de restauration. Je dois signaler, comme un fait caractéristique, l'absence de contre-forts et même de pilastres sur les faces latérales de la Canonica. On ne les voit que très-rarement employés dans les églises corses.

J'oubliais de noter qu'au sud de l'église, attenant à la travée voûtée du collatéral, on voit un massif plein, carré, de 6 mètres de côté et démoli à une hauteur de 3 ou 4 mètres. C'est, je crois, la base d'un campanile. J'ignore d'après quelle tradition les paysans qui viennent travailler dans les champs d'alentour, se sont imaginé que cette maçonnerie renfermait un trésor. Plusieurs trous ont été pratiqués; mais je n'ai pas besoin de dire que toutes les recherches ont été sans résultats. Comme on ne voit aucune trace d'escalier, ni à l'intérieur de l'église ni à l'extérieur du campanile, il faut admettre qu'on n'y montait que par une échelle; c'est ainsi que l'on entre encore dans la plupart des tours bâties sur le bord de la mer. Sans doute cette disposition, peut-être même la forme des fenêtres ont été adoptées dans un but de défense. La Canonica, à une petite distance de la côte, était particulièrement exposée aux descentes des pirates (1).

Telle est l'ancienne cathédrale de Mariana. Son ornementation ne se distingue que par sa pauvreté de celle qui caractérise nos plus anciennes églises byzantines; le mérite principal de l'édifice, c'est sa légèreté et sa bonne disposition où règne je ne sais quelle simplicité antique de bon goût qui ne se

---

(1) On voit autour de la Canonica quelques restes d'une enceinte que je crois contemporaine de l'église, et qui avait sans doute une destination militaire.

trouve pas toujours dans d'autres églises infini-
ment plus riches. Je résumerai ainsi ses caractères
principaux : plan en forme de basilique, deux travées dans les collatéraux disposées pour servir de
chapelles, absence de voûtes, fenêtres en forme de
meurtrières, appareil calculé pour l'ornementation,
sculptures taillées dans le nu de la pierre, ornementation médiocre et timidement exécutée.

NOTE C

SUR LES ÉTANGS LITTORAUX DU MIDI DE LA FRANCE ENTRE PERPIGNAN ET AIGUES-MORTES.

But de cette note. — Si l'on jette les yeux sur une carte un peu détaillée, on remarquera que les côtes des anciennes provinces du Languedoc et du Roussillon présentent un grand nombre d'étangs, en général très-rapprochés de la mer. En comparant le littoral de cette partie de la France avec celui de la Corse orientale, on reconnaîtra aussi sans peine que les amas d'eau stagnante du premier sont à la fois plus nombreux et plus étendus que ceux du second. Cependant il y a entre eux une différence inattendue sous le rapport de l'insalubrité. Les étangs du midi de la France occasionnent sans doute des fièvres ; mais on en guérit ordinairement, et les villages environnants restent habités pendant tout l'été. Nous avons vu qu'en Corse l'émigration était au contraire générale à cette époque de l'année et que, si l'on bravait le péril, cette imprudence pouvait coûter la vie. Désireux d'apprendre par l'observation les causes de cette différence dans l'intensité des miasmes paludéens des deux pays et persuadé que cette recherche ne pouvait qu'éclairer d'un nouveau jour le sujet important que nous avons entrepris de traiter, nous avons visité les principaux étangs littoraux des départements des Pyrénées-Orientales, de l'Aude et de l'Hérault, en les comparant soit entre eux, soit avec ceux de la Corse, sous le double rapport de leur degré d'insalubrité et de tous les détails qu'offrent leur constitution physique et leur situation topographique.

Modifications éprouvées par le littoral depuis Perpignan jusqu'à Aigues-Mortes. — Avant d'exposer les résultats de cette étude que nous aurions désiré pouvoir rendre plus parfaite, nous jetterons un coup d'œil sur l'ensemble des changements remarquables que le littoral des départements méridionaux que nous venons de nommer a éprouvés pendant la durée de la période géologique actuelle. La *fig.* 19 en donne une idée claire. Les lignes pleines de cette figure indiquent l'ancien rivage, et les lignes ponctuées le contour actuel des côtes.

L'espace compris entre ces lignes est entiè-

rement occupé par des étangs salés et des
plages sableuses. On voit que les modifications
apportées par la mer à l'ancien rivage sont
très-variées ; elles comprennent toutes celles
que nous avons représentées précédemment par
les figures 7, 8, 9 et 10 ; les lois qu'elles ont
suivies sont d'ailleurs exactement les mêmes
que celles que nous avons fait connaître (1).

Le cordon littoral, qui constitue le rivage
moderne, s'appuie au sud contre des roches gra-
nitiques qui font saillie près de Collioure, non
loin de l'extrémité orientale de la chaîne des
Pyrénées. A partir de ce point, il se dirige vers
le nord et va se rattacher au promontoire de
Leucate (2) qui a été autrefois une île. De ce
cap, il va joindre celui que forment les roches
volcaniques d'Agde. Dans ce dernier trajet il
a enlevé au domaine de la mer plusieurs îles
dont trois assez grandes sont aujourd'hui en
partie englobées dans le sein des terres et en
partie baignées par les étangs littoraux. La
première, dont le nom actuel est *Sainte-Lucie*,

---

(1) Voyez page 41.

(2) Le nom de *Leucate* dérivé du grec est remarquable. Il
est probable qu'il a été donné à cette localité par des Phocéens, frappés de l'aspect blanchâtre des rochers de la côte.

est très-voisine du village de la Nouvelle ; la
seconde, située un peu plus au nord, constitue
en partie le territoire de Gruissan ; la troisième,
plus considérable que les précédentes, comprend le groupe des collines appelées *montagnes de la Clape*, au pied desquelles les villages
de Gruissan, d'Armissan et plusieurs autres,
ont été bâtis. Du cap d'Agde, le rivage moderne
se dirige droit au nord-est, sur le rocher de
Cette qui lui sert de point d'appui et qui évidemment a été entouré autrefois de tous côtés
par la mer ; de là, il continue, en suivant la
même direction jusqu'en face du village de
Mauguio. A la hauteur de ce village, le cordon
littoral s'infléchit brusquement vers l'est, puis
vers le sud-est ,et s'éloigne de plus en plus du
rivage ancien. Cette inflexion résulte de ce que
le travail des vagues a été ici modifié par le
dépôt des matières de transport charriées par
le Rhône. Il est certain en effet qu'une branche
de ce fleuve a passé autrefois près de Saint-
Gilles et a traversé le territoire d'Aigues-
Mortes.

Le rivage moderne, que nous venons de
suivre, est composé principalement de sable,
rarement de gravier. L'ancien, que la mer bai-

gnait au commencement de la période géologique actuelle, est formé soit de marnes et de
calcaires secondaires ou tertiaires, soit de pou-
dingues quaternaires. Ces diverses roches sont
d'une haute antiquité relativement aux matières meubles accumulées par les vagues ou
par les torrents actuels, et il est très-facile de
les en distinguer. Nous avons donc pu tracer
leur contour sans difficulté. On remarquera
qu'il est anguleux et très-irrégulier; son développement total depuis Argelès, à l'ouest de
Collioure, jusqu'à Saint-Gilles, est de près de
300 kilomètres. Le cordon littoral, qui s'est
substitué à cet ancien rivage, offre au contraire
une courbe régulière, sans brisures ni sinuosités; son étendue, depuis les environs d'Argelès
jusqu'au sud-est d'Aigues-Mortes, n'est que de
170 kilomètres au plus. On voit combien la
mer tend à simplifier le contour des côtes qui,
par leur configuration et leurs eaux peu profondes, offrent une grande résistance aux vagues, à une certaine distance des bords.

Les étangs compris entre le rivage ancien et
le moderne, ont occupé autrefois un espace un
peu plus grand qu'aujourd'hui, parce qu'ils
ont été comblés en partie par les matières que

charrient leurs affluents. La mer en franchissant quelquefois, au moment des fortes tempêtes, les plages qui la séparent de ces étangs, y a accumulé aussi du sable. Toutefois ces atterrissements sont en général peu étendus, et l'on n'a pu les indiquer dans la figure 19, à cause de la petitesse de l'échelle. Les plages sableuses elles-mêmes, depuis qu'elles sont sorties du sein des eaux, paraissent s'être accrues. Il y en a, en effet, entre les étangs et la mer, qui ont plus d'un kilomètre de largeur. Nous dirons bientôt les causes probables de cet accroissement.

*Ensablements peu anciens près de **Narbonne** et ailleurs.* — Le cordon littoral qui existe aujourd'hui depuis les environs de Perpignan jusqu'à Aigues-Mortes, ne remonte pas sur toute son étendue à une époque immémoriale. Sur certains points, particulièrement à l'est et au sud-est de *Narbonne*, sa formation est presque récente et l'on peut en fixer à peu près la date. Ce fait est digne de remarque, et nous en parlerons ici avec quelques détails parce qu'il est très-propre à confirmer ce que nous avons dit ailleurs (1) de la probabilité d'un

(1) Voyez la note B.

soulèvement du sol sur une partie du littoral méditerranéen.

La fondation de la ville de Narbonne est d'une date très-reculée. Les Romains y avaient établi une de leurs colonies plus d'un siècle avant le commencement de l'ère chrétienne. Elle était alors bâtie sur les bords d'un lac très-vaste que Pomponius Mela appelle *Lacus Rubresus* (Pline écrit *Rubrensis*). Ce lac communiquait librement avec la Méditerranée et se prolongeait au nord jusqu'à l'étang de Capestang, aujourd'hui situé à l'intérieur des terres, à plus de 14 kilomètres de la mer. Il renfermait plusieurs îles que nous avons déjà mentionnées en décrivant le cordon littoral ; la plus considérable, formée par les montagnes de la Clape, était connue des anciens sous le nom d'*insula lacûs*. Narbonne parvint bientôt, sous la domination romaine, à un haut degré de prospérité. Elle devint la capitale de toute la Gaule méridionale, qui prit désormais le nom de Gaule Narbonnaise. Pourvue d'édifices magnifiques, elle était une des plus belles cités de l'empire. Son commerce embrassait une grande partie des Gaules et s'étendait même à des pays lointains. La chute de l'empire romain

porta nécessairement un coup funeste à cette
ville, qui fut successivement visitée par les
Vandales, les Suèves, les Alains ; puis occupée
par les Visigoths et, plus tard, par les Sarrasins.
Néanmoins, grâce à son heureuse position qui
en faisait un des ports les plus commodes de la
Méditerranée, elle conserva encore une grande
importance industrielle jusqu'à la fin du moyen
âge (1). Elle signait des traités de commerce
avec Gênes, Pise, Tarragone, les rois de Sicile et
les empereurs de Constantinople. Sa décadence
ne prit des proportions considérables et ne devint rapide que vers le XVe siècle, et l'on est
unanime pour l'attribuer à l'atterrissement de
son port et à la formation de grands marais insalubres dans ses environs (2) La mer se retira
alors peu à peu dans ses limites actuelles. Une
partie de l'ancien *Lacus Rubresus* fut mise à sec ;
il n'en resta que les étangs modernes de Capes-

---

(1) En 1348, d'après les annales municipales, la peste enleva
à Narbonne 30,000 personnes ; d'où l'on doit conclure qu'à cette
époque sa population était encore considérable. Aujourd'hui,
cette ville compte à peine la moitié des habitants qu'elle perdit
alors.

(2) Avant l'apparition de ces marais, Narbonne était par-
faitement salubre, ainsi que cela est prouvé par ce vers du poëte
Sidoine Appolinaire : *Salve Narbo potens salubritate*. Sidoine
Appolinaire écrivait vers l'an 470.

tang, de Sijean, de Gruissan et de Vendres, qui sont isolés entre eux et fermés à la navigation (1).

Causes de cette révolution du sol. — La plupart des historiens qui ont mentionné ces changements physiques, ont supposé qu'ils avaient été produits par les alluvions accumulées de l'Aude. Cette opinion nous paraît inadmissible, non-seulement parce que la cause est hors de proportion avec les effets observés, mais parce qu'un atterrissement ayant une pareille origine, se serait fait avec une lenteur extrème. On aurait pu en suivre les progrès. Une révolution aussi prompte que celle qui a ruiné le commerce de Narbonne, ne peut s'expliquer que par un soulèvement du sol qui a produit l'émersion d'une partie du littoral et qui, en outre, a rendu les ensablements très-faciles. Le lit de la mer, le long des côtes des Pyrénées-Orientales, de l'Aude et de l'Hérault, est une vaste surface sableuse, légèrement ondulée, dont l'inclinaison moyenne est très-faible. Autrefois, ce lit était recouvert par une hauteur

____

(1) Le seul port du département de l'Aude est celui de la Nouvelle, qui n'est accessible aux bâtiments que parce qu'on a soin de le draguer chaque année.

d'eau plus considérable que de nos jours, et le sable, qui le constitue, était constamment ou presque constamment en repos (1). Cette hauteur d'eau ayant diminué par l'exhaussement graduel du fond, et celui-ci ayant fini par être très-facilement accessible à l'agitation des vagues, la mer s'est troublée à la moindre tempête, et lorsque le vent l'a poussée vers le rivage, elle y a transporté beaucoup de sable. Ces dépôts, auparavant inconnus, ont fermé tous les anciens ports de la province; savoir, ceux de Frontignan, de Lattes près de Montpellier, d'Aigues-Mortes, de Saint-Gilles et de plusieurs autres villes auxquelles aboutissaient des graux qui ont cessé d'être navigables (2). L'accumulation du sable que les vagues tirent du fond de la mer, se produit encore sous nos yeux et elle tend plutôt à augmenter qu'à diminuer, parce que les mouvements lents du sol paraissent continuer dans le même sens. C'est à cette cause, et non pas à

---

1 Nous croyons que lorsqu'une mer est peu profonde, une différence dans la hauteur de l'eau, égale seulement à 2 ou 3 mètres, doit avoir une grande influence sur la quantité moyenne de sable que les vagues peuvent atteindre et mettre en mouvement.

2 Voyez la note B.

un prétendu transport du limon du Rhône par un courant longeant le rivage, que nous attribuons l'ensablement incessant du port de la Nouvelle, de celui de Cette, de tous les graux anciens qui subsistent encore et des nouveaux que l'on essaye d'ouvrir (1). Pour la même

---

(1) Astruc paraît être le premier qui ait expliqué les ensablements, qui se produisent à l'ouest de l'embouchure du Rhône, par les matières de transport que ce fleuve charrie jusqu'à la mer, et que le courant, qui longe nos côtes méridionales, entraînerait avec lui. (Voyez *Mémoires pour l'histoire naturelle du Languedoc*, Paris, 1740, page 576). Pouget, dans son *Mémoire sur les atterrissements des côtes du Languedoc* (*Journal de physique*, tome XIV, 1779, page 285), a admis l'explication d'Astruc, en la considérant comme évidente. Elle a été ensuite répétée par un grand nombre d'auteurs. Cependant, quand on l'examine de près, on trouve qu'elle souffre les plus grandes difficultés. Les matières que le Rhône charrie jusqu'à la mer sont en général extrêmement ténues et diffèrent beaucoup du sable quartzeux, à grains très-nets, que l'on observe sur les côtes du Languedoc. Lorsque la mer est tranquille dans ces parages, elle est parfaitement limpide. On n'y aperçoit aucune trace du sable ni du limon, qui devraient cependant s'y trouver, car le courant, qui est supposé les transporter, n'est sujet à aucune intermittence. Une autre raison encore plus décisive est tirée de la comparaison de ce qui se passe aujourd'hui avec ce qui avait lieu autrefois. Maintenant, l'accumulation du sable dans les ports et les graux de cette partie de la Méditerranée, est un phénomène continu, dont on ne peut prévenir les effets que par des dragages renouvelés chaque année. Autrefois, pendant la plus grande partie du moyen âge et sous la domination romaine, les graux étaient beaucoup plus nombreux que de nos jours, et leur profondeur se maintenait sans aucun entretien. Étant constamment accessibles aux navires, ils faisaient jouir

12.

raison, le cordon littoral déjà formé s'accroit peu à peu dans le sens de sa largeur. Cet accroissement est le résultat, soit d'un phénomène semblable à celui de la production des *marschs* sur les côtes de la Frise (voyez plus haut, p. 33); soit de l'émersion lente du lit de la mer par l'effet du soulèvement du rivage.

Description des étangs.

Après avoir fait connaître les modifications éprouvées par le littoral, nous allons passer à la description des étangs qui en ont été la

---

les villes du littoral des avantages d'un commerce maritime étendu; ils leur procuraient aussi une salubrité parfaite. Il est évident qu'il n'y avait pas d'ensablement à cette époque qui a duré une longue série de siècles. Cependant le courant méditerranéen existait alors tout comme aujourd'hui, et le Rhône ne charriait pas moins de sable.

On a allégué qu'à l'est du Rhône et, par conséquent, avant que le courant ait atteint ses matières de transport, on n'observe aucun dépôt sableux; mais ce fait s'explique facilement par une constitution tout à fait différente des lieux. Il n'y a plus ici de plage sableuse, presque horizontale, se prolongeant au loin sous une faible hauteur d'eau. Le rivage est formé en général de roches escarpées, baignées par une mer dont la profondeur s'accroît rapidement. Il n'est pas étonnant que les conditions physiques étant tout autres, il n'y ait pas d'ensablement comme sur les côtes situées plus à l'ouest. On comprend aussi que le Rhône, qui coule dans le sein d'une faille profonde, serve précisément de ligne séparative entre ces deux régions littorales d'une constitution opposée.

conséquence, en nous bornant aux principaux.

Étang de Saint-Nazaire. — Le plus méridional des étangs est celui de *Saint-Nazaire*, situé à 8 kilomètre est-sud-est de Perpignan. Sa superficie est de 960 hectares environ. Il a 4,800 mètres de longueur sur 2,000 de largeur moyenne. Sa profondeur maximum, variable suivant les saisons, est de 2 mètres à $3^m,50$. Son principal affluent est un torrent, nommé le *Réart*, qui n'est considérable qu'en temps de pluie. Cet étang est encaissé en grande partie dans le sein d'un terrain quaternaire formé de poudingue. Ses bords sont en général fortement inclinés et présentent une surface nue, sans herbes. On ne voit pas sur son contour des prairies étendues, alternativement inondées et desséchées. Il est séparé de la mer par une plage sableuse dont la largeur est de 350 à 400 mètres et l'élévation de 3 à 4 au maximum. Sur un point de cette plage, nommé *la Basse*, il y a un grau tantôt ouvert et tantôt fermé, suivant la direction et la violence des vents. Il est quelquefois ouvert en été par la main des hommes, afin de procurer aux poissons de l'étang la hauteur d'eau qui leur est nécessaire.

L'étang de Saint-Nazaire n'est point insalubre, quoique sa communication avec la mer soit intermittente ; ce qui doit être sans doute attribué aux autres circonstances de sa configuration physique.

Étang de Leucate ou de Salses. — Au nord de l'étang précédent, il en existe un autre beaucoup plus vaste, nommé étang de *Leucate* ou de *Salses*. Il se trouve sur la limite des Pyrénées-Orientales et de l'Aude, et se prolonge à la fois dans ces deux départements. La partie comprise dans les Pyrénées-Orientales a une étendue de 5,400 hectares environ ; elle est appelée plus particulièrement étang de Salses, du nom d'un petit village bâti près de son extrémité sud-ouest. La superficie totale de l'étang, les deux parties réunies, est de 5,800 hectares. Sa plus grande longueur, du nord au sud, est de 14,500 mètres et sa largeur moyenne de 4 kilomètres. Sa profondeur ne surpasse pas 5^m,80 ; elle peut être estimée moyennement à 1^m.80. En général les herbes sont abondantes sur les points de son lit où il y a peu d'eau ; ce sont le plus souvent des *typha*, des *sparganium*, des *scirpus*. Au nord et au nord-ouest, sur les communes de Leucate et de Fitou. il est bordé de rochers calcaires plus ou moins escarpés; au sud-ouest, près de Salses, ses rives deviennent très-plates et marécageuses. Du côté de l'est, entre l'étang et la mer, on observe une plage ayant près de 1 kilomètre de longueur et une largeur très-inégale qui varie depuis 300 jusqu'à 1,500 mètres. Cette plage offre deux pentes : l'une à surface nue et sableuse qui descend vers la mer, l'autre occupée par des joncs ou des prairies, qui s'abaisse vers l'étang. L'arète culminante a environ 3 mètres de hauteur. Les graux sont au nombre de deux : le plus méridional, appelé *grau de Saint-Laurent*, est situé à 2 kilomètres nord de l'embouchure de l'Agly; l'autre est peu éloigné de la presqu'île de Leucate et en porte le nom. Ces graux sont ouverts ou fermés suivant l'état de la mer. On a toujours remarqué que leur ouverture était favorable à l'agriculture, à la salubrité publique et à la conservation du poisson. Les affluents sont petits et peu nombreux. Les pertes dues à l'évaporation sont principalement compensées par l'eau de la mer, lorsque les graux lui livrent passage, ou bien lorsque, étant poussée par des vents violents, elle franchit la plage sur les points où celle-ci a le moins de largeur et de hauteur.

Cette alimentation étant irrégulière, il paraît qu'il y a d'assez grandes variations dans le niveau des eaux.

D'après M. le docteur Companyo, à qui nous avons emprunté une partie des détails qui précèdent (1), les espèces de poissons qui se plaisent le plus dans cet étang, et probablement aussi dans tous les autres, sont : la muge ordinaire ou le mulet, *Mugil cephalus*, Cuvier ; le loup de mer, *Perca labrax*, Cuvier ; l'anguille vulgaire, *Murena anguilla*, Linné ; le turbot, *Pleuronectes rhumbus*, Blainville ; la sole, *Pleuronectes solea*, Linné ; la dorade, *Zeus faber*, Blainville.

L'étang de Leucate est insalubre, surtout sur son bord sud-ouest près de Salses. Les fièvres de ce côté sont assez persistantes pour que l'autorité militaire soit obligée de renouveler fréquemment la garnison d'un petit fort bâti sur les lieux. Nous ferons observer que cette insalubrité coïncide avec le voisinage d'une assez grande étendue de prairies maré-

---

1 *Histoire naturelle du département des Pyrénées-Orientales.* Perpignan, 1861 à 1864. Tome I, page 189.

cageuses, envahies par les eaux de l'étang pendant la mauvaise saison.

Étang de Lapalme. — L'étang de *Lapalme*, dans le département de l'Aude, n'est séparé de l'étang précédent que par une langue d'alluvion d'une faible largeur, qui réunit l'ancienne île de Leucate au continent. Sa superficie est de 830 hectares. Sa forme est à peu près celle d'un triangle ayant pour base, du côté de la mer, une plage longue de 5,500 mètres sur 900 mètres de largeur moyenne. Cette plage, se divise longitudinalement en deux parties : l'une couverte d'herbe et marécageuse, confinant l'étang ; l'autre sableuse, qui est baignée par la mer. A son extrémité sud, il y a une coupure remarquable par sa profondeur, nommée *grau de la Franqui.* D'après M. le baron Trouvé (1), elle offre une hauteur d'eau de $9^m.745$ à son entrée, de $7^m.118$ vers le milieu de sa longueur et de $8^m.445$ à son autre extrémité qui touche à la terre. Il a été souvent question de transformer ce grau en un port. La profondeur d'eau qu'il présente est sans

---

(1) *Description générale et statistique du département de l'Aude.* Paris, 1818. Voyez la page 82.

doute entretenue par le voisinage des rochers de Leucate contre lesquels les vagues viennent se briser. On ne nous a signalé aucun lieu malsain sur le contour de l'étang de Lapalme.

Étang de Sijean ou de Bages. — En continuant à s'avancer vers le nord, on rencontre le village de la Nouvelle; puis l'étang de *Sijean*, appelé aussi étang de *Bages* du nom d'un village dont il baigne les murs. C'est le plus vaste du département de l'Aude. Il comprend une superficie de 4,800 hectares, sans compter celle des îles de l'Aute, des Oulons et de Planasse qui y sont renfermées. Sa longueur totale est de 15 kilomètres, et sa largeur moyenne de 5,200 mètres environ. Son affluent le plus considérable est une petite rivière, nommée *Berre*, qui a sa source dans la chaîne des Corbières. Il est limité, à l'ouest et à son extrémité nord, par un terrain montueux et à contour sinueux, dépendant des communes de Narbonne, de Bages, de Peyriac et de Sijean. A l'est, sa rive est au contraire rectiligne et très-plate; elle est formée par une bande de sable d'une faible largeur, au delà de laquelle se trouve l'étang de Gruissan. On a profité de cette longue et étroite langue de terre, placée au milieu des eaux comme un pont, pour y établir le chemin de fer de Narbonne à Perpignan. Au sud, l'étang communique avec la mer par le grau ou port de la Nouvelle, qui a de 3o à 4o mètres de largeur, 2 kilomètres de longueur et une profondeur de 2 à 3 mètres (1).

Les environs de l'étang de Sijean ne sont pas insalubres. Cela est vrai, même pour le village de la Nouvelle, qui est cependant entouré de marais presque de tous côtés. Lorsqu'on demande aux habitants s'ils n'ont pas à souffrir de la fièvre, ils répondent que non, et ils attribuent cette immunité au vent du nord qui, soufflant presque constamment dans cette localité, entraîne avec lui les miasmes du côté de la Méditerranée. Cette raison nous paraît bonne. Il n'est pas douteux en effet que les courants d'air n'aient le pouvoir de transporter, quelquefois à une grande distance, les émanations paludéennes et, par conséquent, de purifier jusqu'à un certain point les lieux où elles se pro-

---

(1) Ce port, très-utile au département de l'Aude, sert surtout à l'importation des oranges et du soufre et à l'exportation des vins du pays. On se plaint de sa trop faible profondeur d'eau. Ainsi que nous l'avons déjà dit, on est obligé de le draguer chaque année.

duisent (1). Sous ce rapport, le littoral du
midi de la France, a des avantages dont est
privée la côte orientale de la Corse. Lorsque
le vent du nord souffle dans la première région,
ce qui est très-fréquent, il chasse au loin, vers
la pleine mer, les effluves délétères des étangs
et des marais littoraux. Sur la côte orientale
de la Corse, les vents dominants suivent aussi
la ligne nord-sud, ou s'en écartent peu, soit à
droite, soit à gauche ; mais, comme la côte est
dirigée elle-même dans le même sens, ils n'ont
d'autre résultat que de mêler les miasmes de
la partie septentrionale avec ceux de la partie
méridionale, en infectant les lieux intermédiaires. C'est, à notre avis, une des raisons
pour lesquelles l'insalubrité est portée à un si
haut dégré dans ce pays, et y règne sur une
aussi grande étendue.

---

(1) Parmi beaucoup de faits qui démontrent la réalité de ce
transport, nous en citerons un très-concluant, qui a été observé
dans les contrées mêmes que nous décrivons. Lors des grands
débordements du Rhône en 1840, 1842 et 1843, les eaux stagnantes occasionnèrent des fièvres intermittentes, non-seulement
dans les lieux voisins de l'inondation, mais dans d'autres qui en
étaient très-éloignés et où, évidemment, les miasmes avaient
été transportés par les vents. Voyez l'ouvrage déjà cité de
M. le docteur Nourrit, page 25.

Étang de Gruissan. — L'étang de *Gruissan* est séparé, à l'ouest, de celui de Sijean par l'étroite langue de sable dont nous avons parlé plus haut et par l'île Sainte-Lucie. Sa superficie peut-être évaluée à 2,100 hectares. Son contour est très-irrégulier. Il communique avec la mer, par le grau dit la Vieille-Nouvelle et par celui du Grazel. Ce dernier n'est pas toujours ouvert; il tend de plus en plus à disparaître. Le grau de la Vieille-Nouvelle est très-large, mais peu profond; il est également sujet à s'ensabler. Souvent les barques des pêcheurs ont beaucoup de peine à y passer. Cet étang présente à l'est, sur une grande longueur, des bords escarpés. Au nord, il diminue beaucoup de largeur et se termine par une espèce de canal long de 5 kilomètres. Il est alors limité, d'un côté, par le pied des montagnes de la Clape, et de l'autre, par des marais d'une vaste étendue, où se trouve la ferme de Maudirac. Ces marais sont inondés par l'étang, pour peu qu'il s'élève au-dessus de son niveau habituel.

Le contour de l'étang de Gruissan est insalubre, surtout au nord, dans le voisinage de la ferme de Maudirac dont on vient de parler.

Cette insalubrité ne peut être attribuée qu'aux terrains plats qui, de ce côté, sont faciles à submerger. Il est probable que leur submersion dépend principalement des affluents, parce que l'étang n'a avec la mer qu'une communication imparfaite, et qu'il reçoit toutes les eaux de la plaine située à l'est de Narbonne, ainsi qu'une partie de celles qui descendent des montagnes de la Clape.

Au nord des marais de Maudirac, il y en a d'autres qui suivent le contour de la plaine, jusqu'à l'Aude. Malgré l'existence d'un canal de desséchement, ils nuisent à la santé des communes d'Armissan et de Vinassan. Quant à Narbonne, qui a été autrefois très-insalubre et qui passe pour l'être encore, son état sanitaire paraît s'être beaucoup amélioré par l'effet des cultures, du desséchement des marais voisins et des progrès de l'hygiène.

Étang d'Ouveillan. — L'étang d'Ouveillan est à 11 kilomètres nord de Narbonne et, par-conséquent, très-avant dans l'intérieur des terres. Nous ne le mentionnons ici que parce que ses eaux ont une salure très-sensible. Il est probable qu'elles ont communiqué autrefois avec la mer, lorsque celle-ci embrassait l'étang de Capestang situé un peu plus à l'est.

La forme de l'étang d'Ouveillan est celle d'une ellipse ayant 1,200 mètres de long sur 700 de large. Sa superficie ne surpasse pas 70 hectares. Le terrain qu'il occupe est dans un bas-fond marécageux, entouré de côteaux. Pendant les fortes chaleurs, il se dessèche en grande partie et abandonne des cristaux de sel. Par suite de l'abaissement de son niveau en été, il est insalubre ; on nous a signalé des fièvres au village d'Ouveillan qui en est très-rapproché.

Étang de Capestang. — L'étang de Capestang appartient, ainsi que ceux qu'il nous reste à décrire, au département de l'Hérault. Il est situé au nord-nord est de Narbonne, à 13 kilomètres de distance de cette ville. Sa longueur totale, du nord au sud, est de 6,700 mètres ; il en a, à peu près, 2,000 de largeur moyenne. Sa superficie est de 1,300 à 1,400 hectares. Il est entouré de tous côtés de coteaux, excepté au sud où il n'est séparé du bassin de l'Aude que par un seuil peu élevé. On y observe, près de son extrémité méridionale, une petite île habitée, nommée *Pont-Ferme.* Ses affluents consistent en plusieurs petits ruisseaux, qui ne sont guère visibles qu'en temps de pluie. Les bords de cet étang sont marécageux sur plusieurs points et son niveau est variable, ce qui occasionne des fièvres aux environs. Afin de l'atterrir, on l'a mis en communication avec l'Aude par le moyen d'un canal qui part des environs de Sallèles.

Étang de Vendres. — L'étang de Vendres est beaucoup plus petit que le précédent. Sa superficie n'est que de 350 hectares. Il est peu éloigné de la mer, et communique avec elle par un canal en partie ensablé, ayant 3 à 4 mètres de largeur et 2,500 mètres de longueur. Les débordements de l'Aude et les eaux courantes qui viennent du côté de Nissan, l'alimentent et compensent les pertes qui résultent de l'évaporation. L'eau de la mer n'arrive jusqu'à lui que difficilement. A l'est et au nord, ses bords sont inclinés et surmontés de vignobles; mais, à l'ouest et au sud, ils offrent de vastes prairies, en partie marécageuses, qui nuisent à la salubrité du village de Vendres.

De ce point jusqu'à Agde, on n'observe aucun étang considérable, mais seulement quelques mares d'eau stagnante.

Nappe d'eau entre les Onglous et Mauguio;

ses divisions. — Aux Onglous, petit groupe
de maisons et station du chemin de fer, à
5 kilomètres environ d'Agde, commence une
vaste nappe d'eau qui se prolonge dans la direction du sud-ouest au nord-est, jusqu'aux
environs de Mauguio. Elle se divise en plusieurs
étangs partiels, qui portent des noms différents
et qui ont pour limites des détroits formés par
des caps et quelquefois par des atterrissements.
Le plus méridional de ces étangs est celui de
Thau, compris entre les Onglous et la chaussée
de la Peyrade près de Cette. Ici, l'étranglement de la nappe d'eau est tel qu'on a pu y
jeter un pont sur lequel passe la grande route
de Cette à Montpellier. A partir de la chaussée
de la Peyrade jusqu'à un affluent nommé
le *Lez*, dont l'embouchure est située entre
Villeneuve et Pérols, on compte successivement
trois étangs, savoir ceux de *Frontignan* ou
d'Ingril, de *Palavas* ou de Vic, de *Villeneuve*
ou de Maguelonne ; ils tirent leurs noms des
principales localités situées dans leur voisinage.
L'étang de Frontignan est séparé de celui de
Palavas par le cap des Aresquiers ; entre ceux
de Palavas et de Villeneuve, il y a le cap de
Mourre et l'île de Maguelonne ; le dernier étang,

celui de Villeneuve, est limité au nord-est, par les alluvions du Lez dans le sein desquelles on a creusé un canal, qui conduit ce torrent droit à la mer. Au delà du Lez, il y a encore deux autres étangs partiels, de superficie très-iné-gale, que sépare un étranglement : l'un est l'étang de *Pérols*, et l'autre celui de *Mauguio*. La longueur totale de cette immense nappe d'eau est de 56 kilomètres ; sa superficie peut être évaluée à 16,000 hectares environ.

Un grand canal dit *canal des étangs*, ayant une largeur de 20 mètres sur 2 de profondeur, part de l'étang de Thau, traverse ceux de Fron-tignan, de Palavas, de Villeneuve, de Pérols et aboutit à celui de Mauguio. Ce canal a été construit par les États du Languedoc en 1701, dans l'intérêt de la navigation (1). Aujourd'hui, sa principale utilité est de contribuer à la sa-lubrité publique en établissant un courant à travers les eaux stagnantes.

---

(1) L'étang de Mauguio n'étant plus navigable, on a ouvert depuis 1820, un canal latéral qui communique avec Aigues-Mortes par le canal de la Radelle ; puis, avec le Rhône par celui de Beaucaire. Voyez la page 388 de la *Statistique du département de l'Hérault*, par M. Hippolyte Creuzé de Lesser. Montpellier, 1824.

Étang de Thau. — L'étang de *Thau*, le plus important de ceux que nous venons d'énumérer, est remarquable par sa vaste étendue ; il a 19 kilomètres de longueur sur 4 de largeur. Sa surface est d'environ 7,700 hectares. Son fond est parfois rocailleux et inégal ; il offre presque partout des bords très-inclinés. Sa profondeur est en général considérable ; elle a été trouvée de 8 à 11 mètres entre le cap de Balaruc-les-Bains, Mèze et les salines de Cette ; elle diminue ensuite progressivement et d'une manière inégale, lorsqu'on se dirige vers le sud-ouest ; près de Marseillan, elle ne dépasse pas 3 mètres à 3^m,50. Entre les bains de Balaruc et le village de Bouzigues, il y a une source très-volumineuse qui, semblable à une rivière, jaillit du sein d'une cavité située au milieu des eaux. Cet étang a une communication facile avec la mer par le canal de Cette, qui a 40 mètres de largeur sur 3 de profondeur. En outre, près de l'extrémité sud-ouest de la longue barre de sable qui, du rocher de Cette se prolonge jusqu'aux Onglous, on voit deux anciens graux, dits du Quinzième et de Pissesaume, qui sont aujourd'hui à peu près complétement fermés, mais que cependant les vagues peuvent encore franchir dans les gros temps.

L'étang de Thau ne paraît pas occasionner de fièvres dans les localités environnantes ; car ce n'est pas à son voisinage qu'il faut attribuer celles qui règnent aux Onglous ; elles proviennent plutôt de deux ou trois petits étangs ou marais situés le long du rivage, en allant au cap d'Agde. Le premier et le plus pernicieux est celui de *Bagnas* que traverse le canal du midi ; ses bords sont très-marécageux. On rencontre ensuite, un peu plus loin, le petit étang d'*Embonnes* dont la superficie n'est que de 5 à 6 hectares, et celui de *Luno* dont l'étendue est dix fois plus considérable. Ces diverses nappes d'eau étant, indépendantes de la mer, se dessèchent en partie lors des fortes chaleurs. Leurs miasmes portés par les vents font sentir leur influence fâcheuse à Agde, et jusqu'à Marseillan situé à plus de huit kilomètres de distance.

Étangs de Frontignan, de Palavas et de Villeneuve., — Les étangs de *Frontignan, de Palavas* et de *Villeneuve,* qui succèdent à celui de Thau, ont une superficie totale d'environ 4,500 hectares. Leur profondeur est partout peu considérable ; il paraît qu'elle ne dépasse pas

1^{m},4o et que souvent elle est beaucoup moindre.
Il en résulte que sur de grands espaces, principalement aux environs de Maguelonne, de la
croisée du Lez, des Aresquiers et de Frontignan, leur fond est presque à sec, lorsque les
eaux sont très-basses; ce qui arrive ordinairement chaque année. Leurs bords sont aussi en
général peu inclinés et l'on y voit des marais.
Il en existe entre Vic et le cap des Aresquiers, et
d'autres, encore plus étendus, entre Mireval et
Villeneuve. Ceux-ci ont près de 2,500 mètres de
longueur sur 1 kilomètre de large. La rivière
du Lez en présente également près de son embouchure. Autrefois, ces marais n'existaient pas
et les étangs communiquaient avec la mer par
un grand nombre de graux qui étaient assez
profonds pour servir à la navigation. On en
comptait près de Maguelonne 3 ou 4, dont le
principal était appelé *grau Sarrasin*. Plus à
l'ouest, en se rapprochant de Cette, il y avait
ceux de Vic, de Palavas et de Frontignan. Tous
ces graux sont actuellement fermés. Il en est
de même de quelques autres plus récents, qui
se sont ouverts accidentellement ou qui ont été
creusés par la main des hommes. Le sable n'a
pas tardé à les obstruer. Par suite de leur fer-

meture, l'eau de la mer ne peut parvenir jusqu'aux étangs qu'en faisant un grand circuit. Il faut qu'elle passe par le canal de Cette ; de là, par un autre canal, dit de la Peyrade, qui longe la route impériale de Cette à Montpellier ; enfin, par le grand canal de navigation qui traverse les étangs, et qui communique avec eux par des ouvertures ménagées latéralement. Les frottements sont tels que les eaux de la mer ne compensent qu'imparfaitement les pertes produites par l'évaporation. Les affluents sont d'ailleurs à peu près nuls en été.

La santé publique laisse beaucoup à désirer aux environs des trois étangs dont on vient de parler. Il y a des fièvres à Frontignan, à Vic, à Mireval et à Villeneuve, qui atteignent surtout les étrangers, avant qu'ils ne soient acclimatés. On attribue généralement cette insalubrité à l'insuffisance des communications avec la mer. Les populations croient avoir remarqué que, lorsque des graux ont été ouverts naturellement ou artificiellement, les fièvres ont diminué notablement, et que, lorsqu'ils se sont fermés, le mal a redoublé d'intensité.

Étangs de Pérols et de Mauguio. — Au delà des alluvions du Lez, il y a, ainsi que nous l'avons dit, les étangs de *Pérols* et de *Mauguio*, qui, sous le rapport des conditions physiques, ressemblent beaucoup aux précédents. Le premier n'est guère, en étendue, que le quart du second; leur superficie totale est un peu supérieure à 4,000 hectares. Des sondages faits dans l'étang de Mauguio, ont appris que sa profondeur ne dépassait pas $1^m,25$ à $1^m,5o$ au milieu; qu'elle était de $o^m,5o$ à $o^m,75$, à $5oo$ mètres du rivage et que, près des bords, elle se réduisait à quelques centimètres. Tout près du village de Candillargues, qui touche à cet étang du côté du nord, il y a de vastes marais dont l'étendue est de près de $18oo$ hectares; ils se prolongent au loin vers le nord-est, du côté de Massillargues. Ainsi que le croyait Astruc (1), il paraît que la mer a occupé jadis toute la plaine comprise entre Candillargues, Massillargues et la petite rivière de Vistre.

A une époque déjà ancienne, les étangs de Pérols et de Mauguio échangeaient leurs eaux avec celles de la mer par les graux de Balestras, de Cauquilhouse, de Carnon et de Melgueil ou

------

(1) Ouvrage déjà cité, page 372.

Melguio; ces ouvertures sont aujourd'hui fer-
mées, comme tant d'autres dont il ne reste
que le souvenir. La seule communication avec
la mer aujourd'hui existante, sans compter
l'embouchure du Lez, est un grau moderne,
qui porte le nom de *Pérols;* on prévient son
ensablement par des dragages annuels et à
l'aide d'autres précautions. Par l'effet de ce
grau, les fièvres paraissent avoir diminué à
Pérols, à Mauguio et dans d'autres lieux environnants, mais elles n'ont pas disparu.

L'extrémité nord-est de l'étang de Mauguio
est placée à peu près sur la limite de l'Hérault
et du Gard. En entrant dans ce dernier département et en continuant à suivre les bords de la
mer, on ne tarde pas à rencontrer beaucoup
d'autres nappes d'eau, les unes voisines d'Aigues-Mortes, les autres situées plus à l'est. Ces
étangs, qui sont en dehors des limites que nous
avons assignées à notre étude, diffèrent de ceux
que nous avons décrits, en ce qu'ils se trouvent
au sein même des alluvions récentes du Rhône,
tandis que les premiers occupent l'espace compris entre l'ancien rivage de la mer et le moderne. Leur mode de formation a été par conséquent un peu différent : ils sont le résultat

des lois de la progression des delta, combinées
avec celles qui président à la création du cordon littoral.

*Comparaison des étangs entre eux et avec
ceux de la Corse.* — Nous nous sommes proposé dans cette note de comparer soit entre
eux, soit avec ceux de la Corse, les étangs littoraux d'une partie du midi de la France, afin de
découvrir de quelles conditions physiques dépend leur degré plus ou moins grand d'insalubrité. Les faits que nous avons recueillis con-
duisent aux conséquences suivantes.

Il n'est pas douteux d'abord que l'influence
des étangs sur la santé publique ne soit liée à
la configuration de leurs bords. Lorsque ceux-
ci sont très-inclinés, il n'y a pas d'émanatious
pernicieuses sensibles. C'est tout le contraire
quand leurs rives sont très-plates et consistent
en prairies que les eaux recouvrent à une certaine époque de l'année. Il y a alors des fièvres,
au moins dans le voisinage de ces prairies marécageuses.

En second lieu, un étang qui reçoit d'un
côté des affluents et qui, de l'autre, est en
communication avec la mer, est d'autant plus
insalubre que les affluents et l'évaporation ont

plus de puissance pour faire varier le niveau
des eaux. Au contraire, la production des miasmes fiévreux est d'autant moindre que l'influence de l'état de la mer sur ce niveau est
plus sensible.

Enfin, tout étant égal d'ailleurs, les localités
où soufflent fréquemment des vents salubres,
c'est-à-dire venant de pays sains, souffrent
moins du voisinage des étangs que ceux qui
sont privés de cet avantage.

Ces diverses circonstances physiques, qui
sont les unes favorables et les autres nuisibles
à la santé publique, peuvent se combiner entre
elles de plusieurs manières. Il en résulte de
grandes variations dans le degré d'insalubrité
des nappes d'eau situées près de la mer.

Si maintenant nous comparons les étangs
littoraux du midi de la France avec ceux de la
côte orientale de la Corse, nous trouvons que,
parmi les premiers, il en est peu qui n'aient
avec la mer une communication, souvent imparfaite, mais néanmoins persistante en toutes
saisons. Il n'en est pas de même en Corse où
la plupart des étangs sont séparés de la Méditerranée, pendant tout l'été, par une barre sableuse, large et élevée que les vagues ne peu-

vent franchir facilement. De là des variations plus considérables dans le niveau de eaux et, par suite, une insalubrité beaucoup plus grande. Celle-ci est encore aggravée par un climat plus chaud (1) qui est doublement nuisible : d'abord il augmente l'évaporation pendant l'été et par suite l'abaissement du niveau des eaux ; puis il active la production des miasmes et les rend probablement plus délétères. Sous le rapport de l'influence qu'exercent les courants atmosphériques, la Corse est aussi moins favorisée que le littoral continental. Celui-ci, ainsi que nous l'avons déjà fait remarquer en parlant du village de la Nouvelle, est balayé par les vents du nord qui isolent les émanations paludéennes et les chassent vers la pleine mer ; tandis que ces mêmes vents, lorsqu'ils soufflent le long de la côte orientale de la Corse, ne font que transporter les miasmes de l'une de ses extrémités à l'autre ; l'infection n'en est que plus générale. Il n'est donc pas étonnant que, sur cette côte, l'insalubrité soit portée à un degré extrême

---

(1) La température moyenne des lieux situés entre Bastia et Porto-Vecchio, est d'environ 16°.50 : elle n'est que de 15°.07 à Nimes et à Montpellier.

et que, relativement, elle soit tolérable dans nos départements méridionaux.

Conclusion. — Une autre conséquence, encore plus importante que les précédentes, découle des faits que nous avons exposés. Il ne dépend pas des hommes de changer un climat, ni d'influer sur la direction des vents. On peut bien, jusqu'à un certain point, modifier les bords d'un étang en exhaussant, à l'aide de remblais, les terrains les plus facilement submersibles; mais cette faculté est renfermée dans d'étroites limites à cause des dépenses. Il ne reste donc, comme moyen pratique et général d'assainir les étangs littoraux, que d'établir entre eux et la mer une communication facile et permanente. Nous sommes toujours ramené à la même conclusion.

EXPLICATION DE LA PLANCHE.

La planche ci-jointe renferme 19 figures qui ont déjà été citées et expliquées dans le texte, à mesure que cela était nécessaire. Nous nous bornerons maintenant à présenter le tableau d'ensemble des pages où se trouve leur description.

<table>
<tr><td>Figures</td><td>Pages</td><td>Figures</td><td>Pages</td></tr>
<tr><td>1.</td><td>27 à 28</td><td>11.</td><td>62 à 63</td></tr>
<tr><td>2.</td><td>34</td><td>12.</td><td>64 à 65</td></tr>
<tr><td>3.</td><td>34</td><td>13.</td><td>74 à 75</td></tr>
<tr><td>4.</td><td>34 à 35</td><td>14.</td><td>76 à 77</td></tr>
<tr><td>5.</td><td>37 à 38</td><td>15.</td><td>77 à 78</td></tr>
<tr><td>6.</td><td>38</td><td>16.</td><td>90 à 91</td></tr>
<tr><td>7.</td><td>41 à 42</td><td>17.</td><td>91 à 92</td></tr>
<tr><td>8.</td><td>45 à 46</td><td>18.</td><td>93</td></tr>
<tr><td>9.</td><td>46 à 47</td><td>19.</td><td>200 à 202</td></tr>
<tr><td>10.</td><td>47</td><td></td><td></td></tr>
</table>

Les figures précédentes sont accompagnées d'une petite carte de la Corse destinée à donner une idée exacte de l'étendue des terrains de transport, en général très-fertiles, qui constituent la côte orientale depuis Bastia jusqu'à Solenzara. Nous avons tracé sur la même carte, à l'aide d'un trait noir, une courbe de niveau qui passe à 500 mètres d'altitude. Cette ligne divise l'île en deux régions dont la distinction est très-propre à mettre en évidence l'importance des travaux d'assainissement à exécuter. La première région ou la plus basse s'étend entre la courbe de niveau et la mer; elle offre presque partout de grandes ressources agricoles et industrielles, mais on ne peut en profiter à cause de l'insalubrité des lieux. La seconde région, qui comprend tous les terrains situés dans l'intérieur de la courbe, est essentiellement montagneuse; jusqu'à ce jour, elle est restée très-pauvre et languissante, surtout à cause de son isolement. Elle serait rendue à la vie, si l'on assainissait le littoral, parce que ses produits y trouveraient des débouchés.

FIN.

ERRATA.

Page 150, ligne 19 : Porto-Vechio, *lisez :* Porto-Vecchio.
Page 206, lignes 27 et 28 : Appolinaire, *lisez :* Apollinaire.

Paris — Imprimé par E. Thunot et Cⁱᵉ, rue Racine, 26.

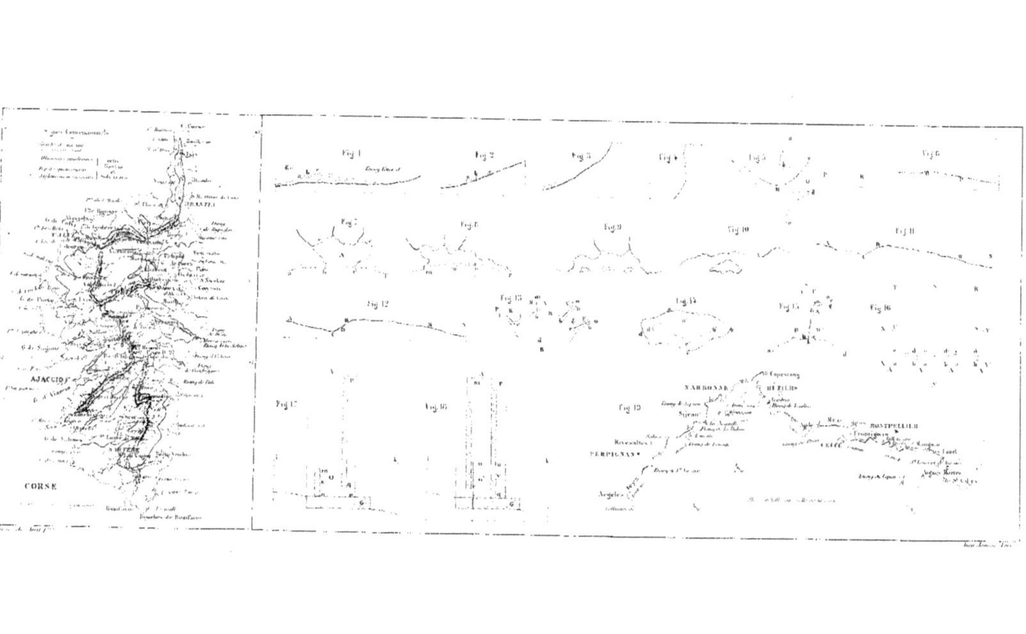